# Azure

## 雲端服務滲透測試攻防實務

### Pentesting Azure Applications

## 聲明

Azure 是微軟的商標，書中所提及其他產品和公司名稱，可能由其擁有者為其註冊了商標，但為了著作需要，本書只使用商品或公司名稱，並無任何侵犯這些商標或其利益的意圖。

本書僅照書中文字內容發行，不附帶任何保證或解釋之責，雖然編撰及製作期間已經盡可能採取一切預防措施，但本書作者和出版商均不對任何人或團體因閱讀、使用本書而造成的直接或間接損害承擔任何責任。

# 作者簡介

Matt Burrough 是某家大型軟體公司的紅隊（Red team）資深滲透測試員，負責雲端運算服務和內部系統的資訊安全評估，並經常參加駭客和資安相關的論壇或會議。Burrough 擁有羅切斯特理工學院的網路、安全和系統管理學士學位，以及伊利諾大學厄巴納 - 香檳分校的計算機科學碩士學位。

# 技術編輯

Tom Shinder 是三大公有雲服務商其中一家的雲端服務安全計畫經理，負責安全技術的內容及教育、協助契約客戶強化使用體驗和競爭力分析，曾在許多大型的資安會議上發表私有雲就地部署（On-Premise）和公有雲相關的安全和架構議題。

Tom 是加州大學柏克萊分校的神經生物心理學學士和芝加哥伊利諾大學的醫學博士，在 1990 年代轉換職業跑道之前，是一名執業的神經病理學家。他出版過 30 多本關於作業系統、網路和雲端運算安全的書籍，包括《Microsoft Azure Security Infrastructure》和《Microsoft Azure Security Center (IT Best Practices series, Microsoft Press)》。當 Tom 不是忙著將金鑰和機密藏到 Azure 金鑰保存庫時，就一定會發現他正緊緊黏著 Azure 主控台。

給我的愛妻 Megan，在我不眠不休奮戰時，
妳總能神奇地及時給我激勵和支援。

還有老媽，多虧了妳，
今日我方能成為作家！

# 目 錄

# 2

## 取得存取權限的方法 ..................................... 13

## 3

## 勘查 ..................................................... 55

# 4

# 5

# 6

# 調查網路系統 ........................................ 177

# 7

## 其他 Azure 服務 ................................. 213

# 8

# A

# 序

體會歷史主流思想的演化，煞是有趣，有時也會發覺自己的想法
在轉變，如海水般隨時間潮起潮落，潮起潮落或許不是最好的比
擬方式，用鐘擺來形容會更貼切吧！某項話題在激起人們一段時
間的遐想之後，又會如鐘擺般盪向另一個方向，人們對此話題不
再感到興趣，當然，話題沒有消失，只是被新主題所淹沒。

2000 年前後是資安專業話題的鼎盛時期，每個人都想成為安全專
家，對他們而言，這個領域是新綠洲，威脅情況還算單純，就算
採用簡單的手法也能成就不錯的防禦效果。然而，資訊安全情勢
逐漸複雜，鐘擺開始向另一方擺動，當初一窩蜂栽進資安領域的
人群又朝另一方向飛去，但仍有一小撮人堅守陣地、不離不棄，
因為他們天生就是「資安人」。

鐘擺又回到 15 年前的狀態，資訊安全再度因為公共雲端運算環境
而成為矚目議題。

資訊安全或者網路安全的核心概念是針對 IT 基礎架構、服務、技
術和資料的威脅進行偵測、防禦和應變處理，端視你對這些領域的
觀點，你可以是一名防禦者或一名攻擊者，所謂知己知彼、百戰不

殆，警察和犯罪者都必須知道對方掌握哪些資訊、如何依靠這些資訊採取行動，如果警察無法掌握犯罪動機和行為模式，破案率一定很低，而罪犯者想在這場競賽中立於不敗之地，就必須了解警察採取的策略和手法。

在資訊領域，防禦者就是扮演「警察」的角色，負責確保系統和資料能有效抵抗攻擊，或者在受到破壞後可以迅速復原，防禦者可以是一個人或一支團隊。而攻擊者就是試圖在資訊系統或系統管理人員中找出漏洞和不當策略的人，攻擊者若能成功達陣，可能在未經授權情況下存取系統及掌管資料。

Matt Burrough 藉本書介紹滲透測試（簡稱 pentest）的手法。滲透測試人員（Pentester）扮演攻擊者角色，但不帶有任何犯罪意圖或故意破壞系統，一位優秀的滲透測試員會了解網路罪犯生態，也必定具備資安防禦相關知識，他是白帽駭客，但具備黑帽和灰帽駭客的技能，也清楚他們的動機，滲透測試員運用來自「黑」「白」兩道的知識和技術，研究系統中的弱點並傳授所學到的知識，因為這樣，防禦方才可以提高整體系統的安全性。

本書的核心價值是為防禦者提供積極、正面的能量，Matt 在書中引導讀者完成多種測試情境，幫助讀者找出架構在 Azure 上的資訊系統之安全問題，請注意，這些是 Azure 使用者在架設系統時所留下的弱點，並不是 Azure 基礎架構的自身缺陷，除了微軟之外，任何人都不允許對 Azure 基礎架構進行測試。書中不斷地為防禦方提供實用訣竅、技巧和積極作為，以便事先掌握滲透測試人員的攻擊模式，甚至在受到滲透測試之前收到先發制人之效，進而顯著提升系統的整體安全性。

無論你是滲透測試員、資安守門員，或單純只是一位捧著爆米花，在旁邊看這場精采資安大亂鬥的觀眾，書裡都有實用的題材可供運用，包括擬定行動、如何戒備、偵測、監控、回報事件，如何對這些事件進行審查、應變處理和事後修復。

有些讀者可能注意到，只要有足夠的時間和精力，書中大部分題材都可以從 Azure 線上文件找到，但這樣做可能需要花費數百，甚至數千小時才能找齊資料及整理成本書這般有條理又易於理解，透過本書便能事半功倍，有效地執行滲透測試，並依照所學到資訊強化防禦技術。

本書和線上文件不同之處在於：去蕪存菁、前後呼應，讓內容易於理解和實作。線上文件只是提供服務的基本說明，以及一些無關痛癢的程式片段，它的教育性並不高，書本和線上文件的最大差別在於主題描述的深度和教學的實用性，本書是為了教會讀者而寫的。

例如將某匹「馬」解釋為「擁有四條腿和一張長臉的棕色哺乳動物」，這與騎師在肯塔基德彼賽馬節（Kentucky Derby）騎在牠身上的價值和感受簡直天差地別，雖然同一匹馬，但兩種不同介紹方式會讓你對這種動物有迥然不同體會，之後和這種動物一起工作的能力也完全不一樣。Matt 就是為了幫助讀者以騎師角度去駕御滲透測試和資訊安全,所以請繫好你的馬鞍!

Matt 是一位令人印象深刻的作家和老師,他將幫助讀者在微軟 Azure 的滲透測試和安全防護取得領先優勢。做為本書的技術編審,讓我備感榮幸和恩寵,也是經歷一次深刻的教育體驗,閱讀本書後,發現自己透過 Matt 獨特的眼光學到好多事物,也讓我對已知的想法、概念、程序和處理方式有更上一層樓的理解。這才是真正的師傅!

好了!誇讚之詞到此為止!且讓我們動身吧!當然,讀者可以按照自己意思閱讀喜歡的章節,但建議最好是從前言開始,Matt 是一位很棒的師傅,非常關心讀者「學到」什麼,他的指導之所有有效,是採取適才適性又循序漸進的方式,逐漸增加深度及廣度,在下層的基礎上疊加更深的理論,再從橫向擴大技術範疇,最後就能完整地建構出你的技術堡壘,真正從所閱讀的內容得到知識,並立即投注到實際的行動中。

醫學博士 *Thomas W. Shinder*

# 致謝

本書能夠順利付梓得感謝眾人幫助。對我的家人:老婆 Megan 為本書及家中的生活付出無私的愛與支援;老媽教導我尊重職業道德及對散文的熱情;繼父鼓勵我追求技術和分享他的道德觀。還要感謝其他家人多年來的鼓勵,以及在撰寫本書之前和期間與我們同住的寄養兒童,你們給了我很多生活知識,讓我的生命變得更生動有趣。最後,感謝家裡的毛小孩,每當我遇到瓶頸或困難時,總能給我精神慰藉和排遣我的鬱悶。

在專業上,非常感激主管 Eric Leonard,是他幫我達成長期渴望從資訊技術和軟體工程轉換到資訊安全的願望,並鼓勵我撰寫本書;誠心感謝好友 Johannes Hemmerlein 給我完整的回饋和不斷的鼓勵;向技術編輯 Tom Shinder 致意,感謝他的支援及確保本書的豐富性及正確性;謝謝現在和過去的資安夥伴們:Katie Chuzie、Emmanuel Ferran、Johannes Hemmerlein、Caleb Jaren、Zach Masiello、Jordyn Puryear、MikeRicks、Andrei Saygo 和 Whitney Winders,是你們幫助我積極朝滲透測試之路前進;最後要感謝 Azure 團隊,是你們創造了一套偉大的作品,才讓我的滲透測試工作有更多磨練。

做為一名作者，不得不感謝 No Starch Press 團隊，感謝 Bill Pollock 願意給初次撰書者一個出版的機會，為我的稿件提供極其寶貴的建議，特別是供應許多我想閱讀的資安社群文章和書籍；謝謝 Zach Lebowski 對內容的編排、Riley Hoffman 和 Tyler Ortman 讓整個作業過程井然有序，確保我沒有遺漏任何事物；還有其他 No Starch 成員：Anna Morrow、Serena Yang 和 Amanda Hariri 也盡了很多心力；最後感謝 Jonny Thomas 的精彩封面以及 Bart Reed 對內容審校及潤飾所下的功夫。

最後，感謝我的大學教授和資訊社團裡的朋友們，激起我對資訊安全的熱情，感謝 Derek Anderson 一直與我並肩奮鬥，是我最棒的同袍和摯友，是他給了我第一張 Shmoocon 駭客論壇的門票，以及破解騙局的場合；感謝 Bill Stackpole 的精采課程，並為我寫研究所的推薦信，還提供我愛喝的土耳其咖啡。

# 前言

讀者若已從事資訊工作一段時間，可能注意到過去建置在企業內部網路的專案，現在可能已被重新包裝成雲端服務，甚至有些機構將之前的應用系統，從本地伺服器遷移到廠商託管的共享服務平台上，這種現象其實很容易理解：將系統移植到雲端可以省下大筆的硬體費用支出，並讓執行效率更加精實，換句話說，公司只需為實際的資源使用量支付費用，如果新服務一夜之間大受歡迎，還可以迅速擴充資源，當然，在權衡利弊得失時，安全性通常是第一考量因素。

應用程式架構師和管理人員通常會考慮、評估其解決方案的安全性，然而，許多機構仍然缺乏雲端管理經驗，尤其是應用系統開發的威脅模型，這也是驅使筆者撰寫本書的原因，我們需依靠滲透測試來檢驗這些專案中的假設和設計決策，儘管已有許多關於滲透測試的優秀論述，卻鮮少專門討論雲端服務託管的議題，本書的目標是希望就微軟 Azure 平台的資產安全性，從大方向提供完整的評估執行步驟，並為本書討論的攻擊手法提供可能的補救措施。

# 滲透測試概述

**滲透測試**（Pentesting）是資安專業人員（一般稱為**白帽駭客**）應公司或客戶邀約，以真實攻擊者（通常稱為**黑帽駭客**）的維思及手法對標的進行攻擊的一種程序，以驗證目標組織是否達成：

- 對其設計的軟體系統進行安全審查。

- 遵循安全最佳典範來部署系統和服務。

- 正確監控和處理網路威脅。

- 隨時修補系統，使其維持最新版本。

滲透測試人員必須了解攻擊者使用的**策略**（tactics）、**技術**（techniques）和**程序**（procedures）（合稱 TTP），以及發動攻擊的動機，以便適當地模仿他們的行為，提供可靠的評估結果，對整個服務的生命週期不斷執行這些評估，滲透測試人員可以協助檢測系統漏洞，並在其他駭客發現及利用這些漏洞之前完成修補作業。

為了精準模仿黑帽駭客，滲透測試人員通常會以「實彈」進行鍛練，所使用的工具、API 及腳本也時常被應用在非法行為上，筆者於書中介紹工具的用法，並不是教導讀者去罪犯，而是讓合法的滲透測試人員能夠利用這些技術檢查雲端服務，替客戶找出常見的威脅向量。在介紹各種重要主題之前，筆者會提供 IT 專業人員和系統開發人員一些典範作法，用以提高所部署系統的防護

能力，冀求有效抵禦攻擊，此外，在描述特定威脅之後，會利用
「防護小訣竅」提供可能的補救措施，本書若能讓更多資安人員
對部署在 Azure 的系統進行全面評估，那就達成筆者的願望了。

## 本書主題

本書是針對 Azure 訂用服務之安全評估指南，有幾個面向的主題
並非本書談論範圍，若讀者想要關於攻擊 Azure 底層運行的軟硬
體（稱為 Azure Fabric）、Azure 的完整參考文件或評估其他雲端
服務供應商的系統，可能需要勞駕到其他地方找找。

本書假設讀者已具備滲透測試工具和技術基礎，如果需要滲
透測試的入門讀物，筆者強烈推薦 Georgia Weidman 撰寫的
《Penetration Testing》（No Starch Press，2014 出版）。

**WARNING**

> 針對其他環境所介紹的滲透測試技術，不見得完全適用或被允許
> 使用於雲端環境的測試，本書第 1 章會介紹如何確認滲透測試的
> 範圍，並確保遵守雲端服務供應商所訂的測試規則。

## 內容綜覽

本書是針對 Azure 滲透測試的典型工作流程而編排，面對不同的
安全項目，讀者可能不需要逐章閱讀，並非每個客戶都會完全使
用書中所介紹的所有 Azure 服務，多數人只需依靠 Azure 提供的

部分服務即能達到業務要求，若某個章節與你的工作沒有關聯，可以選擇跳過，日後若有需要再隨時回頭閱讀，但筆者認為若執行的評估作業夠頻繁，這些技術終究會派上用場。

- **第 1 章　事前準備：**介紹一種以雲端系統為中心的滲透測試方法，以及如何取得執行評估所需的適當權限。

- **第 2 章　取得存取權限的方法：**提供滲透測試人員多種存取他人訂用的 Azure 服務之方法。

- **第 3 章　勘查：**提供筆者自行開發的超強腳本來列舉所指定的訂用帳戶中之服務，以及從這些服務中取得有用資訊，它還能標示出某些實用的第三方工具，以便繼續探究 Azure 裡的特定服務。

- **第 4 章　檢測儲存體：**討論如何存取 Azure 儲存體帳戶及查看其內容的最佳方法。

- **第 5 章　瞄準虛擬機：**藉由檢測虛擬機（VM）的安全性，深入探討 Azure 基礎架構即服務（IaaS）的內涵。

- **第 6 章　調查網路系統：**說明各種網路安全技術，例如防火牆、虛擬私有網路（VPN）連線及其他可將訂用服務連接到公司內部網路的橋接技術。

- **第 7 章　其他 Azure 服務：**探討一些 Azure 特定的服務，例如金鑰保存庫（Key Vault）和 Azure 網站應用程式。

- **第 8 章　監控、日誌和警報：**檢視 Azure 的安全日誌和監控紀錄。

最後，利用**詞彙清單**提供重要的術語說明，方便讀者參考。

本書使用的腳本可以從以下網址下載：

*https://github.com/mburrough/pentestingazureapps*

# 工具執行環境

本書會透過許多工具與 Azure 互動，由於 Azure 是微軟的產品，多數工具只能在 Windows 環境執行，從事 Azure 滲透測試時，至少要有一部執行 Windows 環境的個人電腦或虛擬機，且版本應該在 Windows 7 以上，當然，有些最新版的工具可能需要更新版的 Windows，為了能和使用的工具有最佳相容性，請盡量使用最新版本的 Windows。

# 翻譯風格說明

資訊領域中，許多英文專有名詞翻譯成中文時，在意義上容易混淆，例如常將網路「session」翻譯成交談、會話或階段，遠不如 session 本身代表的意義來得清楚，有些術語的中文譯詞相當混亂，例如 interface 有翻成「介面」或「界面」，為清楚傳達翻譯的意涵，特將本書有關術語之翻譯方式酌作如下說明，若與讀者的習慣用法不同，尚請體諒：

| 術語 | 說明 |
|---|---|
| bit<br><br>Byte | bit 和 Byte 是電腦資訊計量單位，bit 翻譯為位元、Byte 翻譯為位元組，學過計算機概論的人一定都知道，然而位元和位元組混雜在中文裡，反而不易辨識，為了閱讀簡明，本書不會特別將 bit 和 Byte 翻譯成中文。<br><br>譯者並故意用小寫 bit 和大寫 Byte 來強化兩者的區別。 |
| cookie | 是瀏覽器管理的小型文字檔，提供網站應用程式儲存一些資料紀錄（包括 session ID），直接使用 cookie 應該會比翻譯成「小餅」、「餅屑」更恰當。 |
| host | 網路上舉凡配有 IP 位址的設備都叫 host，所以在 IP 協定的網路上，會視情況將 host 翻譯成主機或直接以 host 表示。<br><br>對比虛擬機（VM：Virtural Machine）環境，host 則是指用來裝載 VM 的實體機，習慣上稱為「宿主主機」，書中簡稱「宿主」。 |
| interface | 在程式或系統之間時，翻為「介面」，如應用程式介面。在人與系統或人與機器之間，則翻為「界面」，如人機界面、人性化界面。 |
| payload | 有人翻成「有效載荷」、「有效負載」、「酬載」等，無論如何都很難跟 payload 的意涵匹配，因此本書選用簡明的譯法，就翻譯成「載荷」。 |
| port | 資訊領域中常見 port 這個詞，台灣通常翻譯成「埠」，大陸翻譯成「端口」，在 TCP/IP 通訊中，port 主要用來識別流量的來源或目的，有點像銀行的叫號櫃檯，是資料的收發窗口，譯者偏好叫它為「端口」。實體設備如網路交換器或個人電腦上的連線接座也叫 Port，但因確實有個接頭「停駐」在上面，就像供靠岸的碼頭，這類實體 port 偏好翻譯成「埠」或「連接埠」。<br><br>讀者從「端口」或「埠」就可以清楚分辨是 TCP/IP 上的 port 或者設備上的 port。 |

| 術語 | 說明 |
|------|------|
| protocol | 在電腦網路領域多翻成「通訊協定」，為求文字簡潔，將簡稱「協定」。 |
| session | 網路通訊中，session 是指從建立連線，到結束連線（可能因逾時、或使用者要求）的整個過程，有人翻成「階段」、「工作階段」、「會話」、「期間」或「交談」，但這些不足以明確表示 session 的意義，所以有關連線的 session 仍採英文表示。 |
| traffic | 是指網路上傳輸的資料或者通訊的內容，有人翻成「流量」、「交通」，而更貼切是指「封包」，但因易與 packet 的翻譯混淆，所以本書沿用「流量」的譯法。 |
| token | 是指某一種代表物，常見的翻譯有「單詞」、「標記」、「令符」、「權標」、「令牌」、「權杖」、「符記」，事實在，在不同的地方會有不同意義，例如 Token-Ring 網路環境，避免網路訊框衝突，只有取得 token 者才能發送訊框，此時，token 具有排它性、單一性，翻譯成「權杖」很合適。對岸常將它譯成「令牌」，令牌原指代表某一有權者（如神尊）的身分，下屬以令牌充當有權者的代理人，故「令牌」有授權書的意涵，可以讓多人代表同一身分。在一般網路通訊，token 也可能是某個身分識別，只具標示性質，「符記」會更恰當，因此，用於身分識別的 token，筆者會譯成「符記」。 |

## 公司名稱或人名的翻譯

屬家喻戶曉的公司，如微軟（Microsoft）、思科（CISCO）在台灣已有標準譯名，使用中文不會造成誤解，會適當以中文名稱表達，若公司名稱採縮寫形式，如 IBM 翻譯成「國際商業機器股份有限公司」反而過於冗長，這類公司名稱就不中譯。

有些公司或機構在台灣並無統一譯名，採用音譯會因譯者個人喜好，造成中文用字差異，反而不易識別，因此，對於不常見的公司或機構名稱將維持英文表示。

人名翻譯亦採行上面的原則，對眾所周知的名人（如比爾蓋茲），會採用中譯文字。一般性的人名（如 Jill、Jack）仍維持英文方式。至於新聞人物像斯諾登（Snowden）雖然國內新聞、雜誌有其中譯，但不見得人人皆知，則採用中英併存方式處理。

## 產品或工具程式的名稱不做翻譯

由於多數的產品專屬名稱若翻譯成中文反而不易理解，例如 Microsoft Office，若翻譯成微軟辦公室，恐怕沒有幾個人看得懂，為維持一致的概念，有關產品或軟體名稱及其品牌，將不做中文翻譯，例如 Windows、Chrome。

## 縮寫術語不翻譯

許多電腦資訊領域的術語會採用縮寫字，如 ICMP、RFMON、MS、IDS、IPS...，活躍於電腦資訊的人，對這些縮寫字應不陌生，若採用全文的中文翻譯，如 ICMP 翻譯成「網路控制訊息協定」，反而會失去對這些術語的感覺，無法充份表達其代表的意思，所以對於縮寫術語，如在該章第一次出現時，會用以「中文（英文）」方式註記，之後就直接採用縮寫。如下列例句的 IDS 與 IPS：

> 多數企業會在網路邊界部署入侵偵測系統（IDS）或
> 入侵防禦系統（IPS），IDS 偵測到異常封包時，會發
> 送警示信息，而 IPS 則會依照規則進行封包過濾。

為方便讀者查閱全文中英對照，譯者特將本書用到的縮寫術語之
全文中英對照整理如下節「縮寫術語全稱中英對照表」，必要時讀
者可翻閱參照。

## 部分不按文字原義翻譯

在滲透測試（或駭客）領域，有些用字如採用原始的中文意思翻
譯，可能無法適當表示其隱涵的意義，部分譯文會採用不同的
中文用字，例如 compromised host 的 compromised，若翻成「妥
協」或「讓步」實在無法表示主機被「入侵」的這個事實，視前
後文關係，compromise 會翻譯成「破解」、「入侵」、「攻陷」或
「危害」。

同理，exploit 是對漏洞或弱點的利用，以達到攻擊的目的，在
實質的意義上是發動攻擊，因此會隨著前後文而採用「攻擊」弱
點、漏洞「利用」的譯法。

在資安界中，vulnerability、flaw、weakness、defect 常常代表相
同的現象：漏洞、弱點、缺陷，為了翻譯語句通順，中譯文字也
會交替使用「漏洞」、「弱點」或「缺陷」。

On-Premise 意指「在公司內」，常見翻譯成「在地」或「就地」，相對於公有雲，則是指建置在公司自有環境的資訊系統，可能採用私有雲或傳統網路架構，雖然翻譯成「在地系統」或「就地系統」並無不可，但為了易於分辨，有時會用「公司內部系統」來和 Azure 系統做區別。

因為風土民情不同，對於情境的描述，國內外各有不同的文字藝術，為了讓本書能夠貼近國內的用法及閱讀上的順暢，有些文字並不會按照原文進行直譯，譯者會對內容酌做增減，若讀者採用中、英對照閱讀，可能會有語意上的落差，造成您的困擾，尚請見諒。

## 縮寫術語全稱中英對照表

| 縮寫 | 英文全文 | 中文翻譯 |
| --- | --- | --- |
| 2FA | Two-Factor Authentication | 雙重要素身分驗證（參考 MFA） |
| AAD | Azure Active Directory | Azure 活動目錄 |
| API | Application Programming Interface | 應用程式介面 |
| ARM | Azure Resource Manager | Azure 資源管理員 |
| ASC | Azure Security Center | Azure 資訊安全中心 |
| ASM | Azure Service Management | Azure 服務管理模組 |
| Blob | Binary Large Object | 二進制大型物件 |

| 縮寫 | 英文全文 | 中文翻譯 |
| --- | --- | --- |
| CLI | Azure Command Line Interface | 命令列界面 |
| CLM | Constrained Language Mode | 約束語言模式 |
| CRL | Certificate Revocation Lists | 憑證撤銷清冊 |
| CSV | Comma-Separated Values | 以逗號分隔欄位值 |
| DoS | Denial of Service Attack | 阻斷服務攻擊 |
| FTP | File Transfer Protocol | 檔案傳輸協定 |
| GUID | Globally Unique Identifier | 全域唯一識別碼 |
| HSM | Hardware Security Module | 硬體安全模組 |
| IaaS | Infrastructure as a Service | 基礎架構即服務 |
| IDS | Intrusion-detection system | 入侵偵測系統 |
| IIS | Internet Information Services | 網際網路資訊服務 |
| IPS | Intrusion Prevention System | 入侵防禦系統 |
| ITIL | Information Technology Infrastructure Library | 資訊技術基礎建設資料庫 |
| ITSM | Information Technology Service Management | 資訊技術服務管理 |
| JEA | just enough administration | 適度管理 |
| JIT | just-in-time | 及時 |
| JSON | JavaScript Object Notation | JavaScript 物件表示式 |
| LSASS | Local Security Authority Subsystem Service | 本機安全認證子系統服務 |

| 縮寫 | 英文全文 | 中文翻譯 |
|------|----------|----------|
| LTS | Long-term support | 長期支援 |
| MAC | Media Access Control | 媒體存取控制（網路位址） |
| MFA | Multi-Factor Authentication | 多重要素身分驗證<br>（參考 2FA） |
| NIC | network interface card | 網路介面卡 |
| NIST | National Institute of Standards and Technology | 美國國家標準技術研究所 |
| NSG | Network Security Group | 網路安全性群組 |
| OMS | Operations Management Suite | 維運管理套裝軟體 |
| OWASP | Open Web Application Security Project | 開放網頁應用程式安全計畫 |
| PaaS | Platform as a Service | 平台即服務 |
| PAW | Access Workstation | 特權存取工作站 |
| PC | Personal Computer | 個人電腦 |
| PIM | Privileged Identity Management | 特權身分管理 |
| PIN | personal identification number | 個人識別碼 |
| RBAC | Role-based access control | 角色型存取控制 |
| RDP | Remote Desktop Protocol | 遠端桌面協定 |
| SaaS | Software as a Service | 軟體即服務 |
| SAM | Security Account Manager | 安全帳號管理員 |
| SAS | Shared Access Signature | 共用存取簽章 |

| 縮寫 | 英文全文 | 中文翻譯 |
|------|---------|---------|
| SCMS | System Center Management Service | 系統中心管理服務 |
| SIM | subscriber identification module | 用戶身分模組 |
| SLA | Service Level Agreement | 服務水準協議 |
| SMB | Server Message Block | 伺服器訊息區塊 |
| SMS | Short Message Service | 簡訊服務 |
| SSH | Secure Shell | 安全操作介面 |
| TTP | tactics, techniques, and procedures | 策略、技術和程序 |
| VHD | Virtual Hard Disk | 虛擬硬碟 |
| VNC | Virtual Network Computing | 虛擬網路運算環境 |
| VPN | Virtual Private Network | 虛擬私有網路 |
| WAF | web application firewall | 網頁應用程式防火牆 |
| WAN | Wide Area Network | 廣域網路（又稱外網或公網） |
| WebPI | Web Platform Installer | 網頁平台安裝工具 |

# 事前準備 1

**執**行企劃、召開啟動會議、簽訂專案契約,很無聊,對吧!可想而知,滲透測試人員喜歡從事駭客行動遠勝於專案中的文書工作,然而,要讓測試作業順利進行,事前預備動作有其必要,如果事前沒有適當規劃和告知,滲透測試可能觸犯法律或違反協議,甚至讓你的資安生涯提早結束。筆者保證,前期的預備作業不會花費太多時間和力氣,並且能有效提高滲透測試的質與量,為你奠定資安領域的專家地位,所以,朋友們!別把目光移開,請繼續往下閱讀。

本章重點在於如何按部就班規劃及啟動正確的雲端服務滲透測試作業,首先要考慮專案包含哪些項目,為什麼面對像 Azure 等雲端服務時,界定作業範圍會比一般滲透測試專案更為重要。現在就讓我們先取得作業許可及瞭解該遵守的規則。

# 系統混搭建置

隨著越來越多的公司將部分資訊架構部署到雲端，這使得更難區別內部應用與公開服務的分野，身為一家雲端運算公司的專業滲透測試人員，筆者接觸過許多新部署到雲端的服務之評估需求，每當接到這樣的請求時，我總是盡可能擴大測試範圍，以求涵蓋雲端部分和任何與之相關的就地部署（On-Premise）系統，包括一般的資料儲存區、員工在雲端系統作業的帳戶資訊、員工使用的工作站和專案的測試環境。

當筆者被允許審視集團內部、外部和部署在雲端的資產時，最終專案調查得到的缺失幾乎都呈指數增長，主要可歸結為下列因素。

## 不是人人皆有雲端作業經驗

對眾多資訊專業人員和軟體工程師來說，雲端服務是一個全新的世界，當然，許多服務看起來和之前在公司內部運行的系統很類似，但服務的行為及員工的使用習慣常略有不同，如果忽略或誤解這些差異，可能為攻擊者留下可以利用的漏洞。

此外，1990 ～ 2000 年間的常見安全架構是將所有內容放置在可信賴的內部網路，然後在它的邊界部署安全防護，這種陣勢看起就像古老的城堡，還真像城堡，隨著不斷變化的技術而被時間淘汰。當多數服務是建置在與他人共用的伺服器上，並且連接到網際網路，邊界安全防護的成效將會大打折扣。

公司的管理人員是可以為雲端環境設計安全的架構，但必須具備許多工程師所沒有的規劃能力、卓識遠見和過人經驗，如果沒有這方面的知識，常會建構出設想不周的雲端應用服務。

## 雲端環境理論上很安全

一本關於雲端服務滲透測試的書提出這種論點，似乎有點奇怪，但理論上，雲端環境確實相當安全，當客戶連到雲端服務供應商的入口網站，藉由點擊網頁上設計的步驟而建立一部虛擬機（VM），此時建立的系統通常是被保護起來的。供應商提供的系統基底映像檔，預設會升起防火牆、預安裝防毒軟體，並且只有一組管理員帳號。就一名滲透測試人員來看，這表示測試範圍將被限制在一部雲端託管的機器上，無法測試其他內容，這樣的測試成果相當有限，直到能擴展測試範圍，事情才會變得有趣。

該 VM 管理員也許在很多地方都使用相同的帳號、密碼，而他們或許會有意或無意又點擊釣魚郵件，尤其是將連接雲端平台的帳號及密碼記錄在文字檔，還將它儲存在網路分享資料夾裡。如果滲透測試範圍僅限於雲端的 VM，就無法測試前面所提到的其他情境，針對有限範圍的評估結果，會讓委託者產生安全錯覺，認為他們的雲端資產是牢不可破的，事實上，黑帽（惡意）駭客會使用各種手法、透過不同途逕來取得所需的存取權限。

## 彼此皆連接

俗語說「人無法離群索居」，我們都不是獨立的孤島，換言之，人類是彼此相關聯的，企業內部網路、雲端服務和網際網路也是如此。在執行滲透測試專案時，筆者常利用公司內部的工作站做為跳板，透過它們取得雲端服務的存取權。一旦進入雲端服務就能發現存取公司其他資源的途徑，而這些資源是在之前所未知或無法突破的，真正的攻擊者應該毫不猶豫地利用這些串連的線索，為自己爭取更多有利條件。

# 取得測試許可

一旦確定滲透測試的範圍，下一步就是要取得正式授權，畢竟，未經許可而執行滲透測試，可被視為黑帽駭客的攻擊行為，筆者可不希望你因此被起訴或解僱，甚至鋃鐺入獄！因此，請務必遵循本節討論的步驟行事。

## 界定滲透測試範圍

建立完整精準的**滲透測試範圍**是非常重要的，滲透測試範圍應該明確定義：受測的標的系統、使用的手法及工具、執行測試的時間及地點，並且要取得相關部門批准。尤其是部署在公司內部的系統，我們可不想將時間浪費在本週末即將除役的一堆伺服器上，也不打算攻擊伺服器上即將修補的漏洞。

話說回來，確定雲端組件的滲透測試範圍尤為重要，對企業網路執行測試，可能（直接）只影響到受測的單位，但在雲端系統，若沒有適當規劃測試範圍，攻擊影響程度可能波及同一雲端服務供應商的其他客戶，甚至供應商本身！

想像一下，當讀者以為公司是透過專屬的 IP 位址存取 Azure 訂用服務時，卻發現原來外國的政府機關也走同一組 IP 位址，而你剛剛在他們的系統發現並利用了某一個漏洞。這種情況很可能引發國際事件，這正是筆者迫切希望避免的。

基於上述原因，筆者不建議採行黑箱測試（測試者對待測目標了解非常有限），應該堅持採用更開放的方式，至少要能夠事先取得下列內容：

- 待測目標的訂用帳戶（subscription）資料。

- 待測服務的 IP 位址或主機名稱。

- 訂用帳戶所擁有的服務類型清單及所對應的 IP 位址。

- 契約的目標和期待產出的結果。

**WARNING**

某些測試標的服務具有專用 IP 位址，有些則與同一組基礎設施上的其他客戶共用，在對這類 IP 進行廣播式掃描時，可能違反約定的規則。

在規劃滲透測試範圍時，組織的資安原則是另一項重要考量因素，對於外部測試人員而言，這包括貴公司和受測組織兩方所訂的原則，許多大型公司都會在內部程序中規定安全測試的界限（有時包括**必須測試**的項目），違反這些規定，可能讓你丟掉飯碗或招致更嚴重的後果，如果找到某種被禁止的方法或服務，但認為它對準確評估有舉足輕重之虞，務必向管理階層、公司的法務人員及本專案的有權決策者提出你的疑慮，並請示可能的作為，也許可取得同意執行的授權，就算不被允許執行這項測試，至少可以記錄在結案報告，以及解釋為何未能執行。

## 事先知會微軟

一旦完成測試範圍規劃，可能還需要取得雲端服務供應商的許可，以本書的案例，微軟就是我們的雲端服務供應商。每家供應商都訂有一套自己的規則，這些規則會限制可滲透測試的類型以及提交測試通知（若有），實際上，微軟對滲透測試類型的限制非常寬鬆，它允許客戶針對自己所訂用的資源執行滲透測試，但它會很感謝你事先知會，Azure 滲透測試的通知單會要求安全評估的詳細內容，但在執行黑箱測試之前並無法得知這些內容，這也是黑箱測試不適合用於雲端服務的另一項原因。

> **WARNING**
>
> 雲端服務供應商的規則和要求可能隨時間而更動，務必確實查看供應商的網站以取得最新內容。

在撰寫本文時，提交測試通知單及接受微軟的確認回復，並非必要動作，但筆者仍建議依循正當程序，以避免不必要的麻煩。使用商業漏洞掃描工具（如 Qualys 的 Vulnerability Management 或 Tenable 的 Nessus）進行掃描時，並不需要任何正式通知。此外，若只是掃描 OWASP 的十大漏洞（OWASP top 10）、執行模糊測試或只對部分資源進行端口掃描，也不用提交通知單，至於其他測試，最好要事先知會微軟。

執行滲透測試前可到 *https://portal.msrc.microsoft.com/zh-tw/engage/pentest* 填寫並提交滲透測試通知單，通知單要求提供下列資訊：

- 用於登入 Azure 帳戶的電子郵件位址。

- 訂用帳戶識別碼（此通知單只適用和 Azure 訂用帳戶綁定的資產）。

- 滲透測試的起始日期和結束日期。

- 滲透測試的詳細說明。

- 確認接受相關條款和條件。

圖 1-1 是此通知單的範例，請注意，滲透測試期最長為六個月，若需要更長的測試時間，則需要重新提交通知單。

**圖 1-1**：Azure 滲透測試通知單

此通知單會要求申請者確認並接受滲透測試條款和條件，微軟在下列
網址公布滲透測試規則，一些關鍵重點摘錄如後。

*https://www.microsoft.com/en-us/msrc/pentest-rules-of-engagement*

## 僅能測試取得授權的訂用服務

滲透測試僅同意用在你本人或公司所擁有的訂用服務，或者由此
訂用服務的擁有者明確授權的標的，要遵循這項規定並不難，只
要取得明確範圍的滲透測試協議，並利用此通知單將測試範圍發
送給 Azure 安全團隊，然後遵照協議內容進行即可！

## 只能執行通知單中描述的測試

在滲透測試期間發現之前未知的系統或服務，通常會引誘人將這些資源納入測試範圍，這種現象通常稱為範疇潛變或範圍蔓延（scope creep），但如果不提交更新的通知單，可能招來麻煩，同樣，發現適用的新工具時，一定要先提交通知，不可貿然派上戰場。

## 不要對微軟或其他客戶的服務進行測試

在撰寫專案文件時，已精準規劃測試範圍，並且只包含測試目標的資產，不是嗎？如果是這樣，應該不會有什麼問題。但請牢記，雲端資源有時會流動：伺服器可能多人共享、IP 位址可能動態變更，若覺得有疑慮，在測試之前，請先確認該目標確屬雇主所擁有，並仔細檢查是否收到微軟的確認回復。

**WARNING**

對於平台即服務（PaaS）資源（如 Azure Web 應用程式），底層的伺服器可能同時託管多家客戶的網站，這裡會成為以主機為目標的攻擊禁區，使得界定雲端服務的測試範圍會比公司內部環境來得複雜。

## 如果發現 Azure 本身的漏洞，請回報給微軟

對於這一項，微軟就嚴格要求，必須在 24 小時回報告任何找到的 Azure Fabric 漏洞，並且在 90 天之內不得對第三方披露此漏洞，往好的一面想，如果這些漏洞符合微軟線上服務錯蟲懸賞計畫（Microsoft Online Services Bug Bounty Program）的要求條件，

可以將漏洞提交給該計畫，找到這類漏洞，會增加一些麻煩，但也可能領到一份不錯的獎金，外加微軟的公開認可。想要了解微軟錯蟲懸賞計畫的更多訊息，請參考下列網址：

*https://technet.microsoft.com/en-us/security/dn800983/*

# 取得「免獄卡」

**免獄卡**（Get Out of Jail Free card）是借自大富翁遊戲的術語，相當於「免死金牌」，它是一份確認有權執行滲透測試作業的證明文件，此文件應明確登載滲透測試人員是誰、被授權進行測試的活動範圍，以及測試活動的開始和結束日期，而且要由滲透測試團隊的負責人（專案經理）和受測公司的有權主管共同簽署，如果滲透測試人員是來自公司外部機構，則該測試機構的主管也需要共同簽署。理想情況下，該文件最好包含可驗證其合法性而非偽造的資訊，例如雙方主管的聯絡資料。聽說有些測試人員真的同時攜帶偽造和合法的文件，因此需要有適當的方法可以證明攻擊者所說內容的真偽。

如果滲透測試人員被公司的資安人員或藍隊成員質疑是惡意攻擊時，就可以提出文件做為證明，必要時，也可以向執法人員提示，但不要以為有「免死金牌」就不會被拘留，警察不太可能只看這張文件就釋放你。雖然在實際執行滲透測試作業時，這些文件非常有用，但若觸及規劃範圍之外的目標時，筆者也希望有這些文件可以證明我所採取的行動是經過授權的。更甚者，就算這些管理高層在滲透測試基地之外開會而受到隕石攻擊，以致沒有人能為我作證，至少此份授權書還能證明上週執行的駭客行為並非惡意。

如果讀者在尋找授權書範本，SANS 研究員，也是頂尖滲透測試師 Ed Skoudis 在他的網站 *http://www.counterhack.net/permission_memo.html* 提供了一份範本，Ed 還向他的學生建議「讓律師審查這份文件，最好也包括滲透測試相關的契約和協議」。適用於某個地區、某個機構的內容，不見得適用於你，如果讀者是公司的滲透測試人員，可以請求貴公司法務人員協助，如果獨立接案，要聘請律師幫忙。駭客攻擊也是一項有風險的業務，即使獲得授權的滲透測試也一樣。

## 了解並遵守當地法律

向法務人員諮詢，與你的律師合作，確認是否有任何國家、區域或當地法律會限制滲透測試中可以執行的活動類型，或者需要特別小心留意的伺服器或資料，例如某些法規要求客戶的金融資料或病患的就醫資訊在受到非正常途徑存取時，必須將此事件通知當事人，那麼，滲透測試人員存取這些資料，是否屬於前述應通知當事人的要求呢？有關此種疑慮，直接詢問委任律師會比自己暗自假設來得好。

此外，不僅要關心滲透測試人員隸屬地區的法規，還要注意標的伺服器、委託測試的公司總部和現場作業辦公室，以及承接此滲透測試專案的資安公司（如果適用）所在區域的法規，因為法律可能隨這些實體的所在地而異，了解測試專案所涉及的每個地域之法規是很重要的，在檢查雲端資源時更不容輕忽。要注意，如果在測試期間伺服器遷移到別的地方會有怎樣影響？有時伺服器遷移並不容易查覺，原來測試的目標說不定突然被遷移到一個法律規範差異很大國家，在規劃測試範圍時，務必和客戶仔細討論這個問題，確保在滲透測試期間受

測試標的可能座落的所有地點,如果客戶想要測試的系統,其所在國家或地區的法規不利於滲透測試活動,客戶也許會考慮在測試期間暫時將資源遷移到其他區域,但要確認在遷移到新地區後,不能變更此服務的組態,否則可能影響滲透測試結果。

## 結語

本章同時討論測試雲端服務和公司在地網路的重要性,以確保得到最佳的覆蓋範圍,還介紹滲透測試之前如何通知相關機構取得作業授權,以及如何避免遭受刑事起訴。

接下來,就要使用相關手法進行駭客攻擊,以便取得目標服務的 Azure 訂用帳戶之存取權限。

　　旦拿到簽署完成的滲透測試範圍協議書，而且也通知微軟，是該想辦法獲取受測目標的訂用帳戶（subscription）存取權了。本章重點在於如何從合法用戶或服務取得 Azure 訂用帳戶的身分憑據（Credential），首先從檢查 Azure 管控訂用帳戶存取權的機制下手，看看 Azure 如何管理部署的服務和使用權限，接著來看看哪些地方可以找到 Azure 身分憑據，以及如何奪取它們。

最後討論一下雙重要素身分驗證（2FA）機制，它或許可以為訂用帳戶提供更強的保護，那麼有沒有方法可以繞過它呢？

# Azure 的部署模型

在開始嗅探訂用帳戶的存取權之前,先來討論 Azure 的兩種身分驗證和權限管理模型,其中 *Azure 服務管理*(ASM)是傳統的管理模型,在 Azure 剛開始對外發行時使用,另一種是新版以角色為管理基礎的 **Azure 資源管理員**(ARM)模型。由於這兩種模型目前都仍在使用,有必要了解兩者的工作原理及規避管制的手法。

雖然每個訂用帳戶都可以交替使用這兩種模型,訂用帳戶中的每個資源卻只能使用其中一種模型。因此,若從傳統的入口網進行身分驗證,就只能看到**傳統**的 Azure 服務,同樣地,較新的 Azure PowerShell 命令通常只能存取新模型的資源。

破解某位使用者的帳號,也許只能存取此訂用帳戶的一部分服務,因此,破解目標帳戶的兩種服務管理模型是很重要的,如此才能以確保滲透測試的完整性。

## Azure 服務管理

*Azure 服務管理*(ASM)是早期為部署及操作 Azure 資源而做的原始設計,有人稱它為「傳統的 Azure」(Azure Classic),它與舊式的 Azure 管理網站 *https://manage.windowsazure.com/* 相關[譯註 1]。

---

譯註 1　現在連接 *https://manage.windowsazure.com/* 會自動轉址到 *Azure* 的新入口網 *https://portal.azure.com/*

ASM 有許多不同的組件，下列組件是其中一部分：

- 用程式管理資源時所需的**應用程式介面**（API）。

- 和服務互動的 PowerShell cmdlet 集合。

- 使用者帳號／密碼的身分驗證機制。

- 以 X.509 憑證為基礎的身分驗證機制。

- 用於管控資源的命令列界面。

- 用來管理資源的網站

對滲透測試人員而言，每個組件都代表一個潛在的進入點或情報來源。

## ASM 的授權機制

ASM 模型使用簡單的授權機制，只有三種角色：**服務管理員**（Service Administrator）、**帳戶管理員**（Account Administrator）和**共同管理員**（Co-Administrator），每個訂用帳戶只能設定一個服務管理員及一個帳戶管理員，若有需要，可以將這兩個角色指定給同一位使用者[譯註 2]。

---

譯註 2　本書會反覆出現「帳戶」及「帳號」，帳戶是某個使用者（不一定是人）、服務或資源的完整屬性集合，帳號則是此帳戶的代號，因此，在某些情境下，帳號和帳戶其實代表著相同的意思。

服務管理員是最主要的管理帳號，可以修改訂用的服務及新增共同管理員。帳戶管理員（也稱帳戶擁有者）可以修改帳單詳細資訊，以及指定某組帳戶擔任訂用帳戶的服務管理員角色，但帳戶管理員不能修改訂用服務。除了修改其他使用者的角色外，共同管理員與服務管理員具有相同的權限，基本上相當於服務管理員，兩者都可以完全控制經由 ASM 建立的資源。一旦取得 Azure 訂用帳戶的 ASM 存取權限，就可以完全掌控所有 ASM 資源。

使用者或服務帳戶可以利用帳號／密碼或利用 X.509 憑證經由 ASM 進行身分驗證，訂用帳戶的擁有者（帳戶管理員）可以登入管理網站，並為此訂用帳戶新增使用者，所新增的使用者必須屬於微軟帳戶（MSA）或是 Azure 活動目錄（AAD）裡的帳號。一旦新增到訂用帳戶，該使用者只需使用他的電子郵件位址和在 MSA 或 AAD 中設定的密碼就能進行連線。

以憑證進行身分驗證是 ASM 獨有的，ARM 並沒有（直接）實作此機制，此議題稍後討論。在 ASM 中將此 X.509 身分驗證憑證稱為管理憑證（management certificate），最初是為了透過撰寫程式與 Azure 互動而發展的，利用 Visual Studio 直接將程式碼部署到 Azure 時也會用到它，在使用 PowerShell 管理訂用帳戶時，也用它來取代帳號／密碼的身分憑據。

這些都是很合理的使用場合，理論上，憑證應該比採用帳號／密碼的身分驗證方式更安全，畢竟，面對網路釣魚攻擊時，使用者不太容易洩露憑證，也不像密碼那樣容易受到字典或暴力猜測攻擊，憑證內容幾乎比使用者密碼更不具規則性，那 Azure 為何不將它用在新模型呢？可能有很多原因，而筆者從事滲透測試時常聽到的理由是：憑證較不易管理。

## ASM 的憑證管理機制

可管理性是 Azure 管理憑證的首要議題，其他與憑證管理有關的議題還包括憑證用在哪些地方、憑證名稱重複、缺乏憑證撤銷清單、不當保管憑證和憑證的不可否認性。

圖 2-1 是 Azure 的管理憑證設定頁面，裡面有此訂用帳戶所使用的憑證之詳細資訊，管理員可在此頁面新增憑證或移除現有憑證。

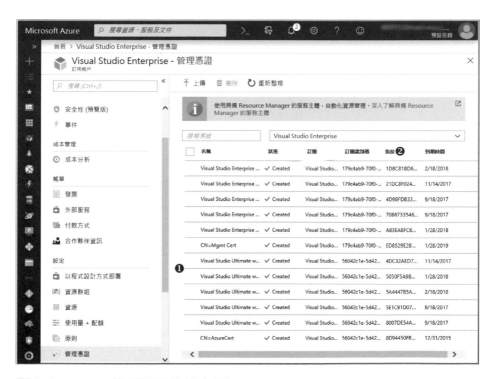

**圖 2-1**：Azure 管理憑證的設定頁

來看看管理這些憑證所面臨的困難，它們可能導致資安問題。

## 追蹤憑證用在哪些訂用帳戶

將憑證新增給某個訂用帳戶時，Azure 入口網並不會告知是誰建立或者上傳此憑證（注意圖 2-1 並沒有憑證的擁有者或建立者欄位），更麻煩的，無法查找此憑證用於哪些帳戶，換句話說，網路防禦小組收到某憑證已被洩露的警報時，不見得知道哪些訂用帳戶會受到影響。

## 憑證名稱重複

憑證名稱取得不夠好，是管理員維護訂用帳戶所面臨的另一個問題，由於憑證是由各種工具（Visual Studio、PowerShell，甚至 Azure 入口網本身）自動產生，不同的憑證時常會取相同的名稱。如圖 2-1 就有幾組 Visual Studio 產生的憑證都用「Visual Studio Ultimate」❶ 做為憑證名稱，只能依靠憑證指紋 ❷ 來區分。

由於每個 Azure 訂用帳戶能夠擁有 100 組管理憑證，名稱重複的情形很快就會造成難以區分憑證屬於哪位使用者，如果某位管理員的憑證有名稱重複情形，當他被解僱時，其他管理員要如何確認該刪除哪一組憑證？

## 憑證作廢

和許多使用 X.509 憑證的系統不同，Azure 並沒有為管理憑證實作憑證撤銷清冊（CRL）機制。在系統核心利用 CRL 記錄不再

受信任的憑證，服務就可以透過 CRL 檢查憑證的有效性，如果有
實作 CRL，管理員可以透過它發布及更新「不再信任 X 憑證」的
狀態，所有授權給這些憑證的服務都可以藉此來封鎖它的權限。
如果沒有 CRL 機制，當某個憑證被盜，則必須手動從每個訂用帳
戶中將它刪除，但由於無法確定某憑證可以存取哪些訂用帳戶，
因此常能於某些訂用帳戶中發現有問題的憑證。

## 儲存憑證

另一個關鍵議題是如何妥善、安全的保存管理憑證，憑證通常由
Visual Studio 等工具產生，因此憑證檔的存放路徑一般是可預測
的，常常可在源碼貯庫（或叫程式館）和使用者的下載資料夾中找
到它們，甚至可以從管理員所使用的電腦之憑證存放區匯出。

## 不可否認性

不可否認性是指系統具有正確表明某位使用者執行某一項操作的
能力，讓使用者無法狡賴自己做過的行為。用帳號和密碼來看不
可否認性就可以有直覺的感受，因為我們已建立密碼不應該告訴
別人的根深觀念。不幸的，一般使用者不會像保護密碼那般看重
憑證，許多團隊成員常共用同一組憑證來存取大量訂用帳戶。

由於這些問題，使得管理憑證難以得到一致、完整的稽查和清理，沒
有受到良好看管的管理憑證會讓訂用帳戶容易受到攻擊，使用一組被
忽略的憑證，可能在很長一段時間內都不會被注意到。

# Azure 資源管理員

在 Azure 發表幾年之後，微軟意識到 Azure 的管理功能需要做一些改進，但它不是將新功能整合到現有的 ASM 管理入口網和 API 裡，而是另外開發 Azure 資源管理員（ARM）做為替代方案。

ARM 最大的變化是 *https://portal.azure.com/* 的入口網站，但這只是模型最容易看得的部分。根據重要性，ARM 的主要改變還有：

- 使用**角色型存取控制機制**（RBAC）。

- 取消管理憑證。

- 新加入**服務主體** (Service Principal)。

- 能夠將資源群組當成單一管理單位。

- 新的 PowerShell 命令。

- 可快速部署複雜服務的模板。

其中以 RBAC 對滲透測試人員帶來的改變最大，和 ASM 不同，它是利用角色集合來限制權限，ARM 提供許多角色，可以就訂用帳戶和資源來指派使用者的角色。

常見角色有：具備完整權限的**擁有者**（Owner）、除了修改權限外，擁有其他所有權限的**參與者**（Contributor）、只能觀看的**讀者**（Reader）和只能維護權限的**使用者權限管理員**（User Access Administrator）。其他像 *SQL DB* **參與者**和**網站參與者**等與服務有關的角色，讓擁有者可以管制資料庫管理員只能存取 SQL 伺服器，而 Web 開發人員僅能修改網站功能。當要入侵某個訂用帳戶時，最好是將目標瞄準具有訂用帳戶擁有者角色的使用者。

另一個重要的變更是加入*服務主體*的概念，這些帳戶類似公司內部伺服器的服務帳號，例如用在運行 Web 伺服器的 Apache 常駐服務（daemon）或 IIS 帳戶。服務主體可以讓應用程式以非一般使用者的帳號運行，並仍可存取其他雲端資源，例如公司的 Azure 網站可能需要利用 Azure 活動目錄（AAD）查找員工資訊，此網站需要帳號才能登入 AAD，開發人員當然不希望網站以他個人的使用者帳號及密碼來執行查詢作業，此時服務主體就派上用場了。

由於服務主體是供軟體、腳本和自動化機制使用，這類帳戶可以使用密碼（自動產生並稱為「用戶端密碼」）或憑證來驗證身分，但是它們的設定和使用方式與 ASM 的管理憑證是不同的。依照最小權限原則，通常只會為服務主體指定剛好足夠執行特定任務的權限，因此就算洩漏服務主體，駭客也只能取得訂用帳戶中一小部分資源的存取權。

---

### 防護小訣竅

由於 ARM 比 ASM 具有更大的資安優勢，最好將現有以 ASM 管理的服務遷移到 ARM 上，讀者可以從 GitHub 找到 MigAz 和 ASM2ARM 遷移工具，微軟也發表了幾篇關於 ARM 遷移的文章，可參閱 *https://docs.microsoft.com/zh-tw/azure/virtual-machines/windows/migration-classic-resource-manager-overview/*，或使用短網址 *https://goo.gl/iLwZ5t*。

# 採擷身分憑據

滲透測試人員必須採擷使用者的帳號密碼，證明真正的攻擊者有能力存取使用端的資源，我們的目標帳戶可以是存取特定 ASM 資源的管理員、訂用帳戶中可存取所有 ARM 資源的擁有者，而且還要關閉**雙重要素身分驗證（2FA）機制**，取得這類帳戶權限就可以新建、檢視、修改或刪除訂用帳戶的任何服務，並在登入時不會要求電話或手機的驗證碼。在 Azure 上找到此類帳戶就相當於在 Linux 中找到使用預設密碼且可以遠端登入的 root 帳號。

第一步是找一組使用帳號和密碼登入的服務帳號，而且是 ASM 裡的共同管理員，為什麼要找服務帳號？因為他們很少會啟用 2FA 機制、不常更改密碼，並且時常將密碼寫在原始碼裡。如果找不到這種帳戶，主管（如經理或專案經理）使用的帳號也是不錯的目標，就算他們已啟用 2FA，不過他們可能具備所有資源的完全控制權。如果前述的目標都不存在，最後只好考慮從管理憑證下手，雖然不能用來存取 ARM 的資源，但它們通常很容易找到，而且不太會更換或刪除。

藉由調查憑證或憑據，可以確認客戶是否妥善保護這些重要機密，如果客戶沒有妥善保護憑據，應該告訴他們保護這些機密的重要性，並提供安全保管的方法。接著來看看如何採擷這些身分憑據。

# Mimikatz

從使用者的作業系統下手，直接採擷身分憑據是筆者最喜歡的滲透測試方法之一，這個想法很直觀：就算拔掉電腦的網路線，作業系統還是需要為各式任務時時檢查密碼,更何況是連線作業。作業系統會在檢驗密碼後將它轉送給別的系統,例如使用者要連接檔案伺服器時,如此一來,使用者就不必重新輸入密碼。

從作業系統的各個位置取得密碼或密碼雜湊值的工具,在好幾年前就有了,例如早期的 Cain & Abel 可以從 Windows 安全帳號管理員(SAM)檔案裡萃取密碼雜湊值,而 PwDump 已經隨不同版本發展出多種萃取手法,然而,Benjamin Delpy 釋出的 Mimikatz 則改變遊戲手法,可以直接從電腦的記憶體中取得密碼。

## 使用 Mimikatz

Mimikatz 的主要功能是藉由找出 Windows 裡正在執行的**本機安全認證子系統服務**(LSASS),然後附加到它上面,再從記憶體中竊取機密資料。雖然 Mimikatz 可以萃取多種機密資料,但我們只關心使用者的密碼。

使用 Mimikatz 前,必須先取得目標使用者所用的電腦之管理員權限,在網域環境裡,這項任務通常不會太困難,例如,目標使用者曾使用某部終端伺服器,我們就可以利用網路釣魚,誘騙管理員幫你登入該部終端伺服器,然後在它上面執行 Mimikatz。或對網域中某一位具備所有工作站管理權限的維修工程師進行社交工程,只要找一台你有管理員權限的機器,然後向維修工程師謊報系統有問題,請他登入檢查,你再執行 Mimikatz 就能從中採擷該維修工程師使用的管理員密碼。

一旦取得系統的管理員權限，就可以從 *https://github.com/gentilkiwi/ mimikatz* 下載 Mimikatz，如果所下載的檔案被防毒軟體狙殺，可以改用已轉成 PowerShell 腳本的版本（Invoke-Mimikatz），它是 PowerSploit 框架的一部分，PowerSploit 框架可以從 *https://github. com/PowerShellMafia/PowerSploit/* 取得。如果有能力，也可以下載 Mimikatz 原始碼，再自行修改及重新編譯（最好重新命名），藉以繞過任何以檔案特徵碼為基礎的防毒軟體檢測。Mimikatz GitHub 網頁有如何修改及重新編譯的詳細說明。

現在，從目標系統以管理員權限開啟命令提示字元（cmd.exe，俗稱 DOS 視窗），依照作業系統的版本執行 32 bit 或 64 bit 版 mimikatz.exe，如果不清楚作業系統的版本，可以用「wmic OS get OSArchitecture」指令查詢。

## 採擷身分憑據

若要採擷身分憑據，Mimikatz 需要有除錯權限，此權限能夠讀取 LSASS 的記憶體內容，要讓它具備此存取權，請在 Mimikatz 提示符輸入「privilege::debug」，如下所示：

```
mimikatz # privilege::debug
Privilege '20' OK
```

接著執行「sekurlsa::logonpasswords」命令，將 Mimikatz 所能找到的密碼和雜湊值傾印出來，執行結果如清單 2-1 所示。

清單 *2-1*：使用 *Mimikatz* 採擷密碼

```
mimikatz # sekurlsa::logonpasswords
Authentication Id : 0 ; 249835 (00000000:0003cfeb)
Session           : Interactive from 1
User Name         : Administrator
Domain            : Corporation
Logon Server      : Workstation
Logon Time        : 11/1/2016 11:09:59 PM
SID               : S-1-5-21-2220999950-2000000220-1111191198-1001
      msv :
       [00000003] Primary
        * Username : TargetUser
        * Domain   : Corporation
   ❶  * NTLM       : 92937945b518814341de3f726500d4ff
        * SHA1     : 02726d40f378e716981c4321d60ba3a325ed6a4c
       [00010000] CredentialKeys
        * NTLM       : 92937945b518814341de3f726500d4ff
        * SHA1       : 02726d40f378e716981c4321d60ba3a325ed6a4c
   ❷ tspkg :
        * Username : TargetUser
        * Domain   : Corporation
        * Password : Pa$$w0rd
      wdigest :
        * Username : TargetUser
        * Domain   : Corporation
        * Password : Pa$$w0rd
      kerberos :
        * Username : TargetUser
        * Domain   : Corporation
        * Password : (null)
```

從輸出的內容可看到 Mimikatz 已找出 TargetUser 的密碼之 NTLM 和
SHA1 雜湊值 ❶，還找到 LSASS 裡的 tspkg 和 wdigest 兩項擴充功能
中之明文、非雜湊型態密碼 ❷。

## 影響成功的因素

有幾個因素會影響 Mimikatz 採擷密碼的能力，主要是使用者執行的作業系統版本，雖然 Mimikatz 可支援 Windows 2000 到 Windows 10，但較新版的 Windows 有改善身分憑據儲存方式，例如，對於 Windows Vista 和 WindowsServer 2008，就算使用者已登出系統，只要未重新啟動電腦，通常可以採擷到明文密碼；對於 Windows 10，雖然可以讀取密碼雜湊值，但只有在使用者尚處於活動狀態下，而且運氣夠好才有辦法取得明文密碼！此外，Windows 10 企業版若啟用 Credential Guard（憑證保護）功能，會將機密資料搬移到一個隔離的容器中，可以更有效對付駭客工具。

Mimikatz 採擷身分憑據的能力也受到目標系統的組態及所安裝的應用程式所影響，某些應用程式和 Windows 功能會獨自保留身分憑據的複本，每次進行遠端連線時就不用提示使用者重新輸入密碼，Windows 每次改版都會想辦法降低對明文密碼的依賴，但再怎樣，微軟還是無法控制第三方軟體的行為，因此要從記憶體中清除所有身分憑據，可能需要耗費一段時間。

Mimikatz 之所以能找出機密資料，主要是因為：已知 Windows 是在某些固定位置儲存身分憑據，而 Mimikatz 也隨著 Windows 版本不斷進化，考慮到這一點，如果你的目標是執行一些不常見的 Windows 建置版（例如技術人員預覽版），Mimikatz 可能無法確認身分憑據儲存於記憶體的哪個位置。

---

**防護小訣竅**

Credential Guard 是保護使用者身分憑據免受 Mimikatz 等駭客工具攻擊的最佳方法之一，只是在 Windows 10 或 Windows Server 2016 之前的作業系統並沒有此項功能。對於攻擊者來說，它的確是一項令人感到棘手的安全防護功能，有關此功能的更多資訊可以參考：*https://technet.microsoft.com/zh-tw/itpro/windows/keep-secure/credential-guard/*，或使用短網址 *https://goo.gl/zGYFoL*。

---

# 用帳號及密碼辨識身分的最佳作法

儘管以密碼保護資料的機制已行之有年，但使用弱密碼仍然是造成安全漏洞的主要因素，雖然很難要求所有使用者都選擇夠強的密碼，但是管理者和制定公司策略的人可以藉由排除可能造成不良密碼的規則，幫助使用者設置高防護力的密碼。

例如，傳統上會認為公司應該將密碼的生命週期設短一些，使用者每隔幾個月就要重新設定密碼，雖然這個政策有助於防制對長密碼的雜湊破解攻擊，但想想使用者每年需要準備幾組易記的新而複雜的密碼，又不能和前幾次的密碼相同，導致使用者常選用不符合公司要求長度的密碼，且包含可預測的字元，例如某種紀念日或字典上的單字。

美國國家標準技術研究所（NIST）所發表的《2017 Digital Identity Guidelines》（2017 年數位身分識別指南）建議不要強制頻繁更換密碼，以便讓使用者建立一組非常強健的密碼，並可延續使用較長的時間，該指南建議只有在確認身分憑據洩露時，才強制要求變更密碼。

公司也可以鼓勵使用者利用合適的密碼管理器來產生和儲存身分憑據，這些工具有助於確保使用者為每個系統、服務或網站選擇一組強大而隨機的密碼，如此可以大大提高安全性，因為使用者若在多個站台使用同一組密碼，只要有任一站台被攻破，等同使用相同密碼的任何服務或站台的安全性也受到威脅。

另外，若使用者易受到網路釣魚攻擊，駭客依然可能取得強密碼（進一步訊息可參考本章「施以網路釣魚」小節），防範網路釣魚攻擊最有效方法之一是套用**多重要素身分驗證**（MFA），例如除了要求使用者輸入密碼外，還要輸入手機接收到的驗證碼，如此可大大增加攻擊的複雜性。

最後，網際網路上使用密碼來驗證身分的 Web 服務，誠如本章「猜測密碼」小節所述，它們經常成為密碼猜測攻擊的目標，為了降低此類風險，要確保這些服務的任何管理員都使用獨特的帳號，因為攻擊者通常只會嘗試一些常見的帳號，例如 administrator、admin 及 root。

## 尋找帳號和密碼

當 Mimikatz 無法派上用場時，需要用另一種方法把找使用者的帳號和密碼，可以搜索未加密的檔案、利用網路釣魚、查找已保存的身分符記（token）或根據某種規則來猜測，這些方法各有其優缺點。

## 搜索未加密的檔案

滲透測試人員在公司裡經常可發現數量驚人的密碼四處閒置，隨時供偵察兵順手取得，雖然某些公司一直存在密碼黏貼於螢幕四周的問題，但多數滲透測試人員並無法親臨辦公現場搜尋身分憑據，幸運的是，還有許多人將密碼以未加密方式儲存在遠端可存取的檔案裡。

如果想找服務帳號，通常可以在該服務的*原始碼*或*設定檔*（.config）裡找到此服務使用的密碼，有時密碼也可能保存在設計文件中，此文件或許可從開發團隊的網站或共享資料夾裡找到。

若要找尋自然人使用的帳號和密碼，可以從純文字檔或試算表下手，使用者經常將這類檔案放在電腦的*桌面*（Desktop）或*文件*（Documents）目錄。當然，面對前述情形，你需要直接或透過網路存取該使用者的個人電腦；另外，瀏覽器也會保存使用者的密碼，可以輕易地從電腦中取得。

## 施以網路釣魚

令人感到訝異！網路釣魚是收集帳號和密碼非常有效的管道，若要更精準地瞄準目標使用者，就對他們施行*魚叉式網路釣魚*（Spear phishing）。進行網路釣魚時，可對一大群使用者遍撒電子郵件，試圖誘騙他們採取某些動作，例如說服他們瀏覽惡意網站或安裝惡意軟體，以便取得使用者的帳號和密碼。

魚叉式網路釣魚是一種更具針對性的版本：只針對特定族群，以他們熟悉的語言發送電子郵件，讓電子郵件看似來自合法或他們所預期的寄件者，一般的網路釣魚郵件可能是對成千上萬使用者寄送帶有惡意鏈結的賀卡，魚叉式網路釣魚郵件會比較像來自人事部門，且只發給特定的十幾名員工，要求他們更新個人資訊。

以筆者在資安方面的經驗，許多魚叉式網路釣魚是寄送使用者所期待的型態及內容，包括模仿已暴露的公司電子郵件之風格和用語。這些電子郵件有看似合法的來源位址及指向特製鏈結的誘人主題，例如，可以註冊一組與目標公司真實位址非常近似的網域名稱，也許用 .net 取代 .com，或替換某些字元，如將大寫字母 I 換成小寫字母 l，或將小寫字母 l 改用數字 1。

成功的網路釣魚攻擊不外乎建構在威脅和利誘的基礎上，像提供免費活動門票或禮品的獎勵式郵件、或威脅停止發放某些津貼的消息、或者限期未完成資料更新就要關閉帳戶權限，這些手法幾乎很快就可以得到使用者回應。

釣魚郵件包含一個吸引使用者去點擊的鏈結，並引導使用者登入某個網頁，有效的釣魚網頁看起來就和使用者公司的真實網頁十分相似，當使用者登入釣魚網頁時，他的帳號和密碼就會被記錄到攻擊者所控制的日誌或資料庫，為避免引起懷疑，接著要將使用者重導到一組看似可被信任的網頁，例如搭配釣魚電子郵件，在此網頁中提示促銷活動的名額已滿或活動已過期，或者經公司重新考慮，將不會取消現有津貼。

> **WARNING**
>
> 若要設置帳號、密碼獵捕系統，請務必小心，應該遵循網路釣魚網站和資料庫的安全作法，包括使用加密傳輸、加密儲存，在存取機密資料時必須通過強健、多重要素身分驗證機制，網站的程式碼也要通過弱點掃描，並完全修補底層服務及作業系統的漏洞，如果未採取預防措施，可能讓員工的身分憑證面臨更大風險，違反目標公司的資安政策，導致真正的入侵攻擊。

當然，網路釣魚也有它的缺點，首先，它只能用在人類身上，對服務帳號是無效的，況且，只要有一個人認出它具有釣魚意圖，在被利用之前就向目標公司的安全團隊回報，釣魚郵件會快速被隔離，將釣魚網站列入黑名單，並重設你已取得的密碼。

# 尋找保存的 ARM 身分識別符記

JSON 文件是另一處可能儲存身分憑據的地方，由於開發人員經常需要使用不同帳號（為了自動化或測試目的）存取 ARM 資源，因此 Azure 提供一支可將 Azure 身分憑據另存為**身分描述檔**（Profile）的 PowerShell 命令「Save-AzureRmProfile」，這些描述檔就是 JSON 格式的檔案，開發人員可以將它們儲存在任何地方，JSON 檔的內容就是一個符記，代表一份已被保存的身分憑據，要用時，只需執行「Select-AzureRmProfile」這支命令，並使用 -Path 參數指定 JSON 檔的路徑及名稱。

身分描述檔不需要使用固定的副檔名（或稱延申檔名），所以尋找過程會有一點點麻煩，不過，它就是一支 JSON 格式的檔案，因此一般人都選用 .json 做為副檔名。搜尋雖然麻煩，還是可以利用檔案裡的關鍵字來找出這些身分描述檔，例如搜尋 *TokenCache*，它就是檔案裡用來保存身分憑據的變數，如果搜尋此關鍵字，卻發現找到的檔案多數與身分描述檔無關，可以改用 *Tenant*、*PublishSettingsFileUrl* 或 *ManagementPortalUrl*，這些關鍵字應該可以更準確地找到描述檔。

## 猜測密碼

取得帳號及密碼的最後一種方法就是用猜測的，未經調教的猜測方法，成效並不高，若有事先研究，並結合一些推理，猜中的機率可以提升不少。

在嘗試猜測密碼前，首先要試著找出公司的密碼原則，如果密碼的要求至少 9 位字元以上長度，必須包含字母和數字，那麼去猜個人生日一定碰壁。此外，還要特別注意是否有帳號鎖定原則，這攸關在鎖定之前可以猜測幾次。帳號被鎖定，系統可能會發送電子郵件警告使用者，猜測密碼的意圖就會曝光。

接下來，要收集使用者相關資訊，配偶、孩子和寵物的名字非常有用，生日、紀念日和畢業日期亦是如此，另外，了解公司的密碼強制更改週期也很有用，如果每隔 30 天就要換一組新密碼，使用者不勝其擾，就可能在密碼加入月份名稱（或等效的數字）。

猜測時，最好找一套可快速回應身分憑據驗證結果的公開服務，公司
Webmail 網站和虛擬私有網路（VPN）端點是不錯的選擇，攻擊者最
喜歡對不限制錯誤次數及不鎖定帳號的服務下手。

## 防護小訣竅

帳號鎖定是應付密碼猜測攻擊的常用方式，但也可能產生意想
不到的後果，即帳號未解鎖前，合法使用者也不能使用網路資
源，這相當於 DoS 攻擊，因此，限制登入的嘗試速度可能是更
好的選擇，可以用機器的來源 IP 位址或帳號做為限制對象。無
論採用何種方法，系統管理員都應該將防範此類攻擊視為首要
任務，資安防禦小組還應該對端點服務進行監測，以便盡早得
知攻擊的發生。

為了回應帳號鎖定原則，密碼噴灑（Password spraying）已成為攻
擊者常用的技巧，傳統的暴力猜測只針對少數帳號嘗試許多不同的密
碼，而密碼噴灑則針對許多帳號嘗試一些常用密碼，這樣可以找出使
用相同弱密碼的所有帳號，就算找到的帳號無法直接存取目標資源，
還是有機會拿它們做跳板，再跨入其他系統。這對滲透測試人員來說
是一種展示常見真實攻擊的好方法，也能評估目標組織偵測和應付這
類功擊的能力。

The Hacker's Choice (THC) 開發的 Hydra 是一款高效的密碼猜測工具，可以從以下網址取得：

*https://github.com/vanhauser-thc/thc-hydra/*

# 用管理憑證識別身分的最佳作法

管理憑證（Management certificate）的目的是要用程式來管理傳統的 ASM 資源。目前推薦改用新的 ARM 來部署 Azure 資源，它已經用**服務主體**（Service principal）來代替管理憑證，服務主體比管理憑證有更多優點，最明顯的是讓權限配賦更細緻，降低帳戶受駭時所造成的危害程度，在許可情況下，應該使用服務主體，而放棄管理憑證。

如果必須為了現有服務而維護管理憑證，可以採取幾種保護措施，包括記錄管理憑證的擁有者及使用日誌，並以安全方式儲存，此憑證只使用於 Azure 管理，如果可能，就不要使用管理憑證。

正如前面所述，管理憑證的致命傷之一是不易管理，建議詳細清點所有訂用帳號中的憑證，包括它們的名稱、憑證指紋、用在哪些訂用帳戶，若可以，還要記錄建立者及使用者資訊，以及此憑證的使用目的，並訂定管理規則，要求加入新憑證之前必須完備記錄，沒有完善紀錄的憑證要被移除。完成憑證盤點之後，還要定期稽核，審視所有訂用帳戶的憑證清單異動情形，並移除閒置的憑證。

為了有效追蹤憑證的使用情況，建議所有憑證的名稱要惟一，而且憑證不是自動產生，甚至可考慮在每次稽核時，移除所有自動產生的憑證，但一定要確保開發人員知道這項原則，自然就不會持續使用自動產生的憑證。

另一個問題是要如何正確保護管理憑證，千萬不要將憑證簽入源碼貯庫，因為太容易被置換。請將管理憑證視為另一類的身分憑據，並保管在安全地方，私鑰不可暫存放於不安全的工作站或磁碟上，此外，帶有管理憑證私鑰的 .pfx 檔要以強密碼保護。

將憑證用於多重目的也是常見的不當行為，例如將保護網站流量的 SSL／TLS 憑證也用在管理託管此網站的訂用帳戶，拜託不要這樣做！以這種方式重複使用憑證，不僅容易令人搞混憑證用途，而且只要某一方被攻破，使用此憑證的所有系統都容易遭受攻擊，Azure 的管理憑證不需要花俏、昂貴、受到公開信任的憑證，任一個免費、自簽章的憑證就夠了。

如果可能，應該在真正使用私鑰的系統上產生私鑰或金鑰對，如果管理員習慣在自己的工作站產生正式環境使用的金鑰對，不需要逐一尋找暴露私鑰的個別系統，這台工作站本身就是極具價值的攻擊目標。

# 查找管理憑證

回顧本章前面提到的內容，除了使用帳號和密碼來識別使用者身分外，ASM 也接受使用憑證來識別身分，本節將介紹如何利用**發行設定檔**（Publish Settings）、憑證存放區、組態檔及**雲端服務封裝檔**（Cloud Service Package）裡的管理憑證來取得存取權。

請記住，Azure 是使用非對稱 X.509 憑證，亦即每組憑證都有公鑰和私鑰，重點在於採擷憑證的私鑰，因為這是身分驗證所需的組件。

雖然憑證有多種副檔名（當沒有嵌入其他檔案時），但在 Windows 上常見的兩個副檔名是 .pfx 和 .cer。通常 .cer 檔只包含公鑰，而 .pfx 檔還會帶有私鑰，故攻擊者常在目標電腦中搜尋 *.pfx 檔案。

如果找到受密碼保護的 .pfx 檔，請在同一目錄找找有沒有其他純文字檔，使用者經常將載有密碼的文字檔與憑證檔儲存在相同目錄內裡！

## 發行設定檔

發行設定檔是一支包含 Azure 訂用帳戶詳細資訊的 XML 檔案，包括訂用帳戶的名稱、識別碼和最重要的 base64 編碼之管理憑證，從不怎麼高明的副檔名「.publishsettings」就能輕易識別這些檔案。

發行設定檔是為了讓開發人員可以輕鬆將專案部署到 Azure，例如在 Visual Studio 開發完成 Azure 網站，發行精靈接受使用發行設定檔向 Azure 進行身分驗證，並將方案推送到雲端，由於這些檔案是從 Azure 入口網下載，再提供給 Visual Studio 使用，一般可以在開發者的下載資料夾（Downloads）或 Visual Studio 的專案目錄找到它們。

一旦取得發行設定檔，以文字編輯器開啟，複製 ManagementCertificate 區段以引號（" "）括起的所有內容，再貼上新文字檔，然後以 .pfx 做為副檔名儲存。請注意，此 .pfx 檔並沒有密碼保護，使用時若提示輸入密碼，只需點擊「下一步」或「確定」即可。

# 憑證重複使用

憑證重複使用是另一個讓人感到振奮的管理憑證取得來源，一些資訊人員認為憑證成本高或不易建立，因此會將同一組憑證重複應用在許多地方。對公眾開放的網站所使用之憑證應該由受信任的憑證授權中心簽發，費用可能不低，也許會發現網站所用的 SSL ／ TLS 憑證之私鑰，也被用於公司的 Azure 訂用帳戶。其實，對 Azure 的管理作業而言，自簽章的憑證也可以運作良好，而且不用花錢。

攻擊者單純瀏覽公司網站，並無法取得網站憑證的私鑰，必須入侵網站伺服器，並且襲擊憑證存放區，才可能從伺服器萃取憑證，很遺憾，對於滲透測試人員來說，大多數伺服器都將它的憑證標記為不可匯出（non-exportable），這樣就無法直接複製，但是，利用 Mimikatz 能夠採擷受保護的憑證。

要從伺服器採擷憑證，請從命令提示字元以管理員權限執行 Mimikatz，然後發出下列命令：

```
mimikatz # crypto::capi
mimikatz # privilege::debug
mimikatz # crypto::cng
mimikatz # crypto::certificates /systemstore:local_machine /store:my /export
```

前三條命令是讓 Mimikatz 有權可以存取憑證。

最後一條命令是匯出本機的個人憑證存放區裡之憑證，並以 .pfx 和 .cer 為副檔名儲存到當前的工作目錄。有關其他 store 的名稱和 systemstore 的值，請參考下列網址：

*https://github.com/gentilkiwi/mimikatz/wiki/module-~-crypto/*，
或使用短網址 *https://goo.gl/evuJym*

## 組態檔

管理憑證通常用在部署服務或者與 Azure 資源互動的應用程式，發行設定檔負責服務的部署，應用程式則可透過組態檔連接到 Azure 的服務，組態檔一般使用 .config 為副檔名，常見的組態檔有 app.config （用於一般應用程式）或 web.config（用於 Web 服務），使用組態檔的目的是希望將服務的細部資訊移出應用程式碼之外，將這些資訊以 XML 格式供使用者自行維護，如此就不必為了服務搬移或更名而重新編譯程式。例如將應用程式使用的 SQL server 名稱和連線資訊以 XML 格式記錄到組態檔，而不是直接寫在程式原始碼中，從安全角度來看，若開發人員將伺服器位址和未加密的身分憑據寫在設定檔中，就會形成資安漏洞。

最常見到身分憑據的地方是 Azure SQL 資料庫的連接字串，裡面帶有明文的使用者帳號和密碼。另外，應用程式總需要讀／寫儲存體的資料，所以也常見到存取 Azure 儲存體的密鑰。（第 4 章會介紹 Azure 儲存體）

我們想要的 base64 編碼之管理憑證倒是較少從組態檔中找到，開發人員可以在組態檔中使用任意變數名稱，不會那麼明顯看出是管理憑證，不過它們有某些特徵可供比對：大概是設定檔中最長的字串（3,000 字以上），以大寫字母 M 開頭，結尾常見到一個或兩個等號（=），而且字串內容只使用 base64 的字元（A-Z、a-z、0-9、+、/ 和 =）。

找到憑證後，將它從組態檔中複製出來，再以純文字格式的 .pfx 副檔名另存，由於憑證也可以用在與 Azure 無關的目的上，因此請在組態檔中搜尋訂用帳戶的識別碼，如果找到訂用帳戶識別碼，幾乎可肯定該憑證是用於 Azure 管理，也知道此憑證至少可適用在一組訂用帳戶上。

## 雲端服務封裝檔

當開發人員要將撰寫完成的應用程式部署到 Azure 時，Visual Studio 會將整個待部署的檔案打包成雲端服務封裝檔（Cloud Service Package），副檔名為 .cspkg，它只是具有特定元素的 ZIP 壓縮檔，包括編譯過的程式、組態檔、組件資訊清單（manifest）和相依的資源，雖然雲端服務封裝檔使用罕見的副檔名，但裡頭多數為 ZIP 檔、XML 檔、純文字檔或編譯過的二進制檔。

每當遇到雲端服務封裝檔時，請用 ZIP 解壓縮工具查看其內容，並試著用文字編輯器和解壓縮工具開啟嵌套在裡頭的檔案，由於 Azure 裡的服務通常會調用其他 Azure 服務，例如 Azure 網站會從 Azure 儲存體和 SQL 資料庫讀取網頁內容，有時能在 .cspkg 檔裡找到管理憑證或其他身分憑據。

# 保護特權帳號的最佳作法

特權帳號需要特別嚴加保護，以防止他們所管理的系統被攻擊者控制，一些非常有效的防護手段包括：使用獨立的身分憑據、利用金鑰保存庫（Key Vault）保管憑證、專屬的特權存取工作站和及時（just-in-time）管理。

保護身分憑據的重要手段是將它們與日常的業務工作（如查閱電子郵件和瀏覽 Web）分開，使用者日常作業的帳號不應該兼具機敏系統的管理權限或者像 Azure 擁有者（Owner）之類的高權限角色，為了管理服務需要，另外替該使用者開立一組獨立帳號。另外，要確保此帳號需通過強健的身分驗證機制，也就是指定強密碼搭配 MFA 模式，最好可以採用晶片卡的驗證機制。如果此帳戶有使用密碼，可考慮使用安全的密碼管理器或保存庫，確保密碼長度、更換頻率都符合要求，還能事後稽核。

即使有這些保護措施，如果特權帳號也和該使用者的一般帳號透過相同的電腦處理任務，還是有被入侵的可能，反之，提供特權存取工作站（PAW）做為管理者專用機器，是降低敏感帳戶外洩風險的不錯手段，PAW 是經過強化的專用工作站，管理員透過它存取需要高度保護的系統，特權帳號只能透過 PAW 登入系統，不能使用在別的地方。

PAW 只供特權帳號使用，而且特權帳號不能具備本機管理員權限，此外，PAW 應強制預先安裝明確的軟體和建立網站白名單，因此，管理員只能存取工作站上已核准的應用程式和網點（例如 Azure 入口網），下列網址有 PAW 的進一步資訊：

*https://docs.microsoft.com/zh-tw/windows-server/identity/securing-
privileged-access/privileged-access-workstations*，
或使用短網址 *https://goo.gl/rQZChG*

為了進一步管制這些帳號外洩造成的風險，可考慮使用**及時（JIT）管理**或者**適度管理（JEA）**，JIT 管理是指使用者需要執行管理任務時，才賦予高權限角色；而 JEA 是仔細檢查每位管理員真正需要的權限和責任，只賦予執行其工作所需的最小權限集合。Azure 利用**特權身分管理（PIM）**的功能支援 JIT，詳細的設定資訊請參閱下列網址：

*https://docs.microsoft.com/zh-tw/azure/active-directory/active-directory-
privileged-identity-management-configure/*，
或使用短網址 *https://goo.gl/RJXYJW*

# 應付雙重要素身分驗證機制

為了提高安全性，以防止身分憑據被盜取，有些公司改用**雙重要素身分驗證（2FA）**或**多重要素身分驗證（MFA）**，登入系統時，使用者不僅提交**知道（Known）**的東西（如密碼），還要提交**擁有（Has)** 的東西（如手機或金融卡）或個人具備（Is）的生物特徵（如指紋、虹膜）。

Azure 內建支援**雙重要素身分驗證**，在 Azure 入口網可以找到如圖 2-2 的設定頁面，管理員可以啟用此項機制。進入網站後，選擇「Azure Active Directory」服務，從功能目錄中選擇「使用者」，在「所有使用者」頁面點擊「Multi-Factor Authentication」，會另開啟「多重要素驗

證」頁，點擊頁面上的「服務設定」文字，即可切換到如圖 2-2 的設定畫面。<sup>譯註 3</sup>

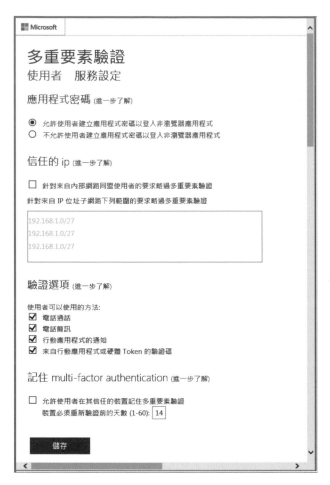

**圖 2-2**：設定 Azure 的多重要素身分驗證機制

---

譯註 3　改版後的 Azure，必須取得 Azure Active Directory Premium P2 授權服務才會具備 MFA 功能。將使用者加入 Azure Active Directory Premium P2 授權，該使用者才能使用 MFA 功能。

如果啟用 MFA，當利用帳號和密碼登入系統時，可能會要求提交第二驗證要素，要求方式通常是下列方式之一：

- 以簡訊服務（SMS）發送驗證碼到使用者登記的行動電話。

- 利用一次性驗證碼產生器提供驗證碼，如微軟的 Authenticator 程式。

- 藉由使用者提供的晶片卡搭配卡片的個人識別碼（PIN）。

- 透過登記的行動 APP 所提示之訊息執行確認動作。

- 透過語音電話要求使用者回應一組驗證碼、個人識別碼或問題確認。

滲透測試人員若沒有取得使用者的行動裝置，多重要素驗證就會成為入侵系統的重大障礙。還好有幾種方法可以繞過這些障礙。

## 利用憑證進行身分驗證

避免 2FA 的一種簡單方法是使用管理憑證進行身分驗證，而不要使用帳號和密碼來登入 Azure，因為憑證身分驗證一般用在自動化作業上，不需要使用者當場輸入驗證碼，憑證比較不受 2FA 限制，雖然這是不錯的選擇，但憑證僅限用來存取 ASM 資源，對於 ARM 資源可能要使用不同的規避手法。

## 利用服務主體或服務帳號

另一種繞過 MFA 的手法須取得有權存取目標訂用帳戶的服務帳號之身分憑據，服務帳號的主要用途有：其一，讓服務以程式化方式完成 Azure 中的作業；其二，供公司裡的一組人共用帳戶。不管哪一種情況，都不太可能啟用 2FA，因為服務沒有手機，而多人共用時很難分享 2FA 的驗證碼，因此服務帳號通常不會使用第二個驗證要素。

## 存取 Cookie

注意看圖 2-2 設定 Azure 多重身分驗證的頁面下方，有一選項「允許使用者在其信任的裝置記住多重要素驗證裝置必須重新驗證前的天數」，該選項可讓使用者設定此裝置的可信任期間，對於經常要登入系統的使用者，一定會對頻繁輸入驗證碼或插拔晶片卡感到不耐煩，該選項的目的是為了平息雙重要素身分驗證所招致的抱怨，當啟用該選項後，使用者在驗證身分時，可以勾選一段日期內不要重新提示身分憑據或 2FA 驗證碼。此功能的工作原理是在使用者通過 2FA 驗證後，將身分符記（Token）記錄到 Web 瀏覽器的 cookie，符記是一串加密字串，讓此 cookie 的持有者可立即存取 Azure，這不是 Azure 獨有的作法，許多網站也常使用這種機制。

Cookie 通常不會受到特別保護，滲透測試人員要取得 cookie，該做的是取得使用者工作站的存取權、複製 cookie，然後將 cookie 放到自己電腦的瀏覽器中。通常身分符記不會限制只能在同一部主機上使用，只要找到 cookie 就可以在任何電腦上使用。

根據目標使用者的 Web 瀏覽器以及滲透測試人員操控此工作站的方式，取得 cookie 的方法也不一樣，如果測試人員可以在使用者的安全環境裡執行程式，就可輕易地利用一些漏洞工具將 cookie 匯出。別忘記檢查使用者是否安裝 cookie 管理器，說不定你所需的工具，使用者都已經安裝了。有些瀏覽器將 cookie 儲存在沒有加密的資料夾裡，這就更容易下手了。

---

## 防護小訣竅

許多網站在使用者通過身分驗證（包含 2FA 驗證）後，依賴 cookie 所儲存的加密符記做為後續請求時重新檢驗之用，如果沒有這種機制，會頻繁要求使用者重新驗證身分。由於這些 cookie 包含使用者發出請求時所需的驗證內容，因此不應該將 cookie 隨便擺放。為避免重要網站（如 Azure 入口網）的 cookie 被偷，在完成管理作業後應該立即登出系統並清除其 cookie（就本書議題，筆者建議至少清除 *microsoftonline.com* 和 *azure.com* 網域的 cookie），或者使用有隱私模式的瀏覽器，它們會在關閉後自動清除 cookie。[譯註 4]

---

## 藉使用者的瀏覽器代理請求流量

利用 cookie 的另一種手法是藉由目標使用者的 Web 瀏覽器發送請求，這些請求是架接在該使用者的 session，看起來就像由該使用者的電腦所發出，這種手法的後勤工作可不輕鬆，必須在使用者的電腦上執行一支隱密的惡意程式，它會接聽來自攻擊者系統的請求，再將請求轉

---

譯註 4　隱私模式在 Chrome 叫「無痕式視窗」、IE 或 Edge 叫「InPrivate 瀏覽」、Firefox 叫「隱私視窗」、Opera 叫「私密視窗」。

送到使用者的瀏覽器，然後取得遠端伺服器的回應，再將回應內容傳回給攻擊者，幸好，Cobalt Strike 這套指揮與控制（Command-and-Control）駭客工具已內建前述功能。

要建立這種代理機制，首先要執行 Cobalt Strike 伺服器，並將 Cobalt Strike 載荷（稱為 Beacon）部署到使用者的電腦上，再從使用者電腦使用 Browser Pivot 命令建立代理。

現在代理機制已運行起來，接著將目標瀏覽器設成你的瀏覽器之代理伺服器，至此，從你的系統發出之 Web 請求都會被繞道，經由目標瀏覽器向網頁伺服器提出請求（使用者完全無感）。你的流量將繼承使用者的 session 及身分憑據，如此便能繞過 2FA 的要求。向委託公司展示此種手法，可證明工作站的安全問題會造成雲端資源洩露。

> **NOTE**
>
> 有關此情境的應用細節可參閱下列網址：
>
> *http://blog.cobaltstrike.com/ 2013/09/26/browser-pivoting-get-past-two-factor-auth/*，
>
> 或使用短網址 *https://goo.gl/ia1d3q*
>
> Cobalt Strike 的詳細描述，可參閱下列網址：
>
> *https://cobaltstrike.com/help-browser-pivoting*

> **防護小訣竅**
>
> 從瀏覽器代理攻擊可看出，保護重要服務的需求並不僅限於它們運行的系統，還要擴展到整個企業環境，包括工程人員的身分憑據及使用的工作站，一旦攻擊者佔領使用者的工作站，就很難偵測他們的網路行為，因為網路流量感覺是由合法員工日常使用的電腦所發送。但還是可以偵測到通道背後的指揮與控制（C2）流量，它會在攻擊者與工作站之間轉送請求和回應流量，Web 流量代理攻擊的網路流量通常會比一般的 C2 網路活動更大且更頻繁。

# 利用智慧晶片卡

2FA 的背後想法是使用者在進行身分驗證時，可以提供兩樣東西來證明他們的身分。第一個要素通常是密碼：使用者知道的東西，而第二個要素可以是使用者擁有的東西（如手機），或者個人具備的生物特徵（如指紋）。雖然常見的第二個要素是藉由身分驗證 App 或簡訊來證明使用者擁有「正確」的手機，但它不是唯一選擇，有些公司會使用智慧晶片卡（帶有嵌入式加密晶片的實體卡片）來確認使用者身分，若是使用智慧晶片卡的 2FA 機制，想辦法取得卡片是有可能應付 2FA 驗證，這裡提供兩種取得卡片的方法，第一種是取得已通過晶片卡驗證的系統之控制權，並利用它從事相關作業；第二種則是真的去取得實體卡片。兩種方法都有其難度。

如果已經控制了某台電腦,當它完成晶片卡驗證後,就可以利用它從事各種作業,只需藉用上一節討論的方法,透過該台電腦傳送請求即可。但難度是不僅要取得目標電腦的控制權,而且必須在使用者通過晶片卡驗證之後,發出的請求才會有效。

要偷取使用者的實體卡片也不容易,不能被發現,還要取得卡片的PIN 碼,要克服第一個難關,必須找出接近使用者的方法,並趁他們不注意時拿走卡片。第二個難關是人們很容易發覺卡片失竊,尤其常利用晶片卡登入系統的人,有些公司的晶片卡同時兼具員工識別證,當作進出辦公場所的通行證,在這種情況下,使用者很快就會發現卡片遺失。

另一項挑戰是晶片卡通常具有對應的 PIN 碼,這些 PIN 是讀取卡片資料及驗證身分所必需的,或許可以試著猜測 PIN 碼(一般會使用常見的數字或生日),但晶片卡可能設定在幾次 PIN 碼錯誤後鎖定,所以,最好的方法是直接取得使用者的 PIN 碼,例如先在使用者的系統安裝鍵盤側錄器(實體設備或程式)記錄使用者鍵入的 PIN 碼,但更有效的方法是在使用者使用卡片時,直接從電腦的記憶體萃取 PIN 碼。

只要使用者已插入晶片卡,並通過 PIN 碼驗證,Mimikatz 就可以從記憶體採擷該卡片的 PIN 碼,只要滿足所需條件,則 PIN 碼將會出現在Mimikatz 輸出中。

**防護小訣竅**

為確保晶片卡的安全，必須將晶片卡憑證的發行與其他基礎設施隔離開來，此外，有許多實作方式可供選用，各有不同的機敏等級（虛擬智慧卡、VPN 憑證等等），必須適當限制哪些實作方式可用於 2FA 要求，還要對憑證的使用進行完整的稽核、監控和異常警報。

另外，還要確保用於連線機敏伺服器（例如發行晶片卡的伺服器）的電腦之安全性，使用上一節「保護特權帳號的最佳作法」所介紹之 PAW 是達成此目標的不錯方法，PAW 不能用來閱讀電子郵件或瀏覽一般網站，會比管理員日常使用的電腦更不容易被入侵。

## 竊取手機或電話號碼

這可能是對付 2FA 驗證的手法中最難一項，正常的委託契約大概也不會允許這種行為，但如果運作良好，攻擊 2FA 驗證的成功率很高。與利用晶片卡繞過 2FA 的手法一樣，再次取得提供第二個要素認證的裝置，只是這一回是直接利用使用者手機或控制他們的電話號碼。

最顯明手段就是竊取使用者的手機，如果 Azure 訂用帳戶支援使用簡訊進行身分驗證，這是最理想的選擇，許多手機作業系統會以訊息通知方式直接顯示最新的簡訊內文，在已鎖定的螢幕頂部有可能看到 2FA 的驗證碼，可能連手機解鎖動作都省了。如果是使用身分驗證 App 產生驗證碼，面對已鎖定螢幕的手機，只能試著去解鎖，如何解開手機螢幕鎖定已超出本書範圍。

另一種選擇是取得使用者的電話號碼，再利用簡訊進行身分驗證，多數人認為手機及其號碼是一體的，其實手機與電話號碼是鬆散耦合，從近期的一些報告得知：犯罪分子進入手機商店，佯裝成某位客戶向店員說要升級電話（新電話的帳單記在真正的客戶身上）。由於 Azure 滲透測試人員的目標不是要竊取最新手機，所以我們施以另一種手法，告訴店員你（佯裝成某位客戶）換了新手機，並需要新的**用戶身分模組（SIM）卡**，離開商店後，只需將 SIM 卡插入手機，再進行 2FA 身分驗證即可。

此種方法必須選用簡訊或電話驗證，因為就算安裝了原來用戶電話號碼的 SIM 卡，身分驗證 App 也不可能向 2FA 服務註冊，而且一般使用**帶外**（out-of-band）通道註冊，需要藉由額外的驗證方式，確認註冊者和他所聲稱的身分是一致的。

**NOTE**

除了可能被視為盜賊，還可能違反電信廠商的服務條款，風險性太高，一旦在用戶的電信帳戶註冊新的電話或 SIM 卡，現行使用的號碼就會轉移到新 SIM 卡，該用戶現有的電話會被停用，當他們的手機無法正常接收服務時，很快就會發現問題，從確知發生盜用事件，到事件回報的時間其實是很短的。換句話說，你可能會很快被抓並從目標訂用帳戶中被剔除。請將此方法當做最後手段，在施行之前一定要和客戶及律師商量！

# 取得使用者的 2FA 驗證碼

最後，有可能利用社交工程手法，誘騙使用者讓出他們的 2FA 符記，說服使用者去做他們平時根本不會做的事，這得靠使用者不會查覺到事情的蹊蹺，故成功機率並不高。只有在機關用盡、絕望無助時才考慮這一招，如果使用者設定由手機來接收彈出的訊息，並做確認，就可能輕易觸發身分驗證請求，剩下的就看使用者是否接受這一則訊息了。這種手法並不可靠，但有些使用者的確會在未仔細思量請求內容的情況下，習慣性地「確認」彈出的訊息，當然，資安意識高的使用者會向安全小組回報此事件。

這種手法的更高階變型是觀察使用者的活動習慣，並在他們預期會收到此提示訊息時觸發 2FA 驗證。也許能查覺此使用者每次回到工作崗位時都會登入 Azure 入口網，只要抓準時機，讓你的提示訊息與使用者登入時間接近，就可能得手。或許發現他們會在咖啡店進行遠端作業，仔細觀察他們的登入行動，並趕緊送出請求，許多使用者會認為一開始的授權沒有通過，所以系統又再次提示他們確認。

如果使用者靠輸入簡訊或身分驗證 App 提供的驗證碼來登入系統，還是有機會取得這組驗證碼，常見的手法是利用網路釣魚網站和電話社交手段騙取。

為了展示攻擊者如何利用網路釣魚騙取 2FA 驗證碼，首先如之前「施以網路釣魚」小節介紹的，建立相似的登入頁面，還要修改網頁功能，讓使用者在輸入帳號和密碼之後，接著提示輸入 2FA 驗證碼。由於時間點是關鍵因素，因此需要將此網頁設計成自動將使用者提交的驗證碼轉送給 Azure 進行身分驗證，進而為你取得 Azure 的存取權。與前面的例子一樣，必須在通過 Azure 身分驗證後，將使用者重導到真正的 Azure 入口網登入頁，讓他們以為身分驗證出了問題。一旦詐騙網站可以正常運作，就可像之前一樣，利用電子郵件將網站鏈結寄給目標使用者。

另一種取得驗證碼的手法是打電話向他們詢問，為了達到目的，需要營造某種情境或編撰一些聽起來合理的說詞，讓使用者願意為你吐露實情，即所謂的**假托手法**（Pretexting）。例如假裝你是 IT 部門的工程師，由於資料庫故障，造成使用者資料毀損，需要使用者剛剛收到的驗證碼才能回復他們的存取權。雖然使用者可能會回應這種手法，因而拿到有效的驗證碼，但還是它將留著，逼不得已時才拿出來使用。

---

### 防護小訣竅

儘管 MFA 存在本節介紹的一些弱點，但它仍然是拖延或阻止攻擊者獲取訂用帳戶權限的最佳方法之一，能夠大大地增加攻擊者成功入侵的時間，訂用帳戶只有少數管理憑證和服務帳號時，更是如此。鑑於 Azure 內建支援 MFA 機制，實作起來相對容易。詳細介紹可參考下列網址：

*https://azure.microsoft.com/zh-tw/documentation/articles/multi-factor-authentication/*，
或使用短網址 *https://goo.gl/3P5yyn*

# 結語

本章討論兩種不同的 Azure 管理模型：Azure 服務管理（ASM）和 Azure 資源管理員（ARM），以及它們對滲透測試的影響，也展示獲取 Azure 身分憑據的不同手法，包括從純文字檔中找出密碼、利用網路釣魚手段、從記憶體萃取，甚至使出密碼猜測招數。接著，介紹用來驗證身分的憑證以及它們可能擺放的位置，例如發行設定檔、憑證存放區裡重複使用的憑證、應用程式的組態檔和雲端服務封裝檔。最後說明如何應付 2FA 機制，手法包括利用憑證、服務帳號、偷取 cookie、取得電話號碼和利用社交工程手段。

藉由研究存取系統的手法，找出可能遺留不再使用的舊身分憑據的區域，定期清理這些項目可以減少訂用帳戶的攻擊表面，此外，對於重要的使用者帳號，若沒有使用**高熵值**（高隨機、難預測）、電腦產生的密碼時，藉由檢測使用弱密碼的帳號，可以在攻擊者發現脆弱的身分憑據之前，幫助客戶及早制定防範之道，並指導使用者選擇合適、安全的密碼。當所有帳戶都使用 MFA 時，攻擊者想要非法獲取訂用帳戶的存取權會有相當難度。

當突破委託客戶的防線之後，下一章將對訂用帳戶的服務進行探勘，取得服務運作的大略情況。

# 勘查 3

本章將介紹如何從訂用帳戶搜尋實用資料，例如它使用的儲存體帳戶、**SQL** 資料庫、虛擬機以及配置的網路防火牆。

如同其他大型雲端服務供應商一樣，Azure 提供的服務越來越多，從 Web 網站託管到資料庫服務、密鑰儲存體和機器學習。由於產品數量眾多，因此很難確定某個客戶正在利用哪些服務和功能，以及這些服務和功能是否存在弱點。

筆者會利用 Azure 的 PowerShell 命令和一些命令列工具快速檢查訂用的內容。首先是從主控台進行 Azure 身分驗證，接著枚舉訂用帳戶的 Web 服務和虛擬機，然後取得儲存體帳戶及其存取密鑰的清單，再來是連接網際網路的端口和防火牆，最後則是 SQL 伺服器和資料庫。

藉由枚舉這些服務，能夠將客戶的所有資源納入滲透測試作業之中，確保不會有所遺漏，這一點很重要，因為客戶在委託評估時，可能只在意正式環境的服務，而忘了安全控制較鬆散的測試環境資源，同樣地，記錄儲存體帳戶的內容可以幫助客戶確認是否遵循適當的資料分類和儲存體管理。

讓我們來看應用於常見 Azure 服務之強大命令，筆者提供的腳本非常適合用來掃描目標訂用帳戶。

# 安裝 PowerShell 和 Azure PowerShell 模組

開始之前，需要安裝微軟提供的一些免費工具。在 Windows 上，PowerShell 和 Azure PowerShell 模組是收集訂用帳戶資訊的最直接工具，另一項選擇是適用於 Windows、Linux 和 macOS 的 Azure 命令列界面（CLI）工具。

## Windows 環境

有兩種方法可以在 Windows 安裝這些工具，如果想要同時使用 PowerShell 和 CLI，並且能夠在工具發布新版本時更新，請利用微軟**網頁平台安裝工具**（WebPI），這支套件管理工具可以輕鬆安裝許多微軟工具，包括管理 Azure 所需的工具，WebPI 還會檢查缺少的依賴項目，就算尚未安裝 PowerShell，它也會自動處理這些問題。

可以從下列網址下載安裝 WebPI，安裝完成後，可以從「開始」功能表找到「Microsoft Web Platform Installer」並啟動這支應用程式。

*https://www.microsoft.com/web/downloads/platform.aspx*

透過 WebPI 的搜尋框尋找「Microsoft Azure PowerShell」和「Microsoft Azure Cross-platform Command Line Tools」（圖 3-1），並分別點擊「新增」，再點擊「安裝」，以便下載及安裝工具。如果找到的工具有多個版本，請選擇最新版本。安裝後，仍然可以再次啟動 WebPI 以檢查軟體套件的更新。

執行 WebPI 前，請關閉所有已開啟的 PowerShell 和命令列視窗，以確保此工具可以正確識別軟體及版本。

## Linux 或 macOS 環境

如果讀者是使用 Linux 或 macOS，則需要安裝「Azure Command Line Cross-platform Tools」（跨平台命令列工具）。此套件有兩個版本，分別用 Node.js 和 Python 寫成，本書的範例是使用 Node.js 版本，但兩個版本的語法很相似，選用哪一個版本都可以。讀者可以從 *https://github.com/azure/azure-xplat-cli/* 找到適用於 macOS 的 DMG 格式及其他 Linux 的 TAR 格式之 Node.js 版本的安裝套件；Python 版本則可從 *https://github.com/azure/azure-cli/* 下載，而它們的安裝方式跟其他套件相似，請依照使用的 OS 平台進行安裝。

**圖 3-1**：使用微軟的網頁平台安裝工具（WebPI）搜尋及安裝 Azure 工具

## 執行工具

工具安裝完成後，請將其啟動，要使用此 PowerShell 模組，請開啟
PowerShell 視窗，在提示符之後執行「Import-Module Azure」匯入此
命令列工具，在匯入後，請執行「azure」（Python 版本請輸入 az），
如果已正確安裝此命令列工具，應該會看到圖 3-2 所示的輔助訊息。

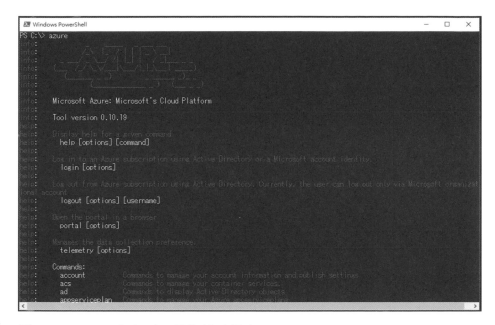

**圖 3-2**：Azure 命令列工具的輔助訊息

至此應該已擁有連接 Azure 所需的環境，可以開始收集目標訂用帳戶及其服務的相關資訊了。

# 服務模型

回想第 2 章的內容，Azure 有兩種不同的服務模型：Azure 資源管理員（ARM）和 Azure 服務管理（ASM）模組，它們都有自己一套查看或管理服務的命令，對於本章要討論的服務，筆者都會提供查詢 ARM 和 ASM 的語法，除非遇到只支援特定模型的服務。

PowerShell 的模組包括 ARM 和 ASM 命令，為了讓一切井然有序，ASM 的命令通常以「**動詞 -Azure 名詞**」的規則來命名，例如「Get-

AzureVM」，而 ARM 命令採「動詞 -AzureRm 名稱」規則，例如
「Get-AzureRmVM」。

但命令列工具則採用不同的作法，可以將 azure 這支執行檔設定為
ARM 或 ASM 模式，它將持續到切換成另一組模型為止，而不是對兩
種服務模型分別設計不同的命令。

想要知道目前是哪一種模式，可執行不帶參數的「azure」命令，然後
檢視最後一行輸出。若要切換模式，請執行「azure config mode asm」
切換到 ASM 模型，或「azure config mode arm」切換成 ARM 模型。
清單 3-1 是執行模式切換時的 Azure 視窗輸出，在「azure」命令的最
後一行可看到目前模式。

清單 3-1：在 Azure 命令列界面切換和確認使用的服務模型

```
C:\>azure config mode asm
info:    Executing command config mode
info:    New mode is asm
info:    config mode command OK


C:\>azure
-- 部分內容省略 --
help:    Current Mode: asm (Azure Service Management)

C:\>azure config mode arm
info:    Executing command config mode
info:    New mode is arm
info:    config mode command OK


C:\>azure
-- 部分內容省略 --
help:    Current Mode: arm (Azure Resource Management)
```

# 維護 PowerShell 安全的最佳作法

PowerShell 自 2006 年正式發布以來，功能、成熟度和受歡迎程度都有所提升，它最初只是一種執行基本 Windows 管理的腳本語言，現在已經可以管理許多微軟產品和服務，當然也包括 Azure。因為它提供許多功能，自然也引起駭客注目，

身為系統管理員或資安護衛隊，是有需要了解一些設定，以確保系統上的 PowerShell 之安全性，誠如前面章節所見到的，被入侵的工作站可能會讓駭客有權存取 Azure 訂用帳戶，因此端點防護非常重要！

首先是啟用 PowerShell 日誌記錄，並確保將日誌轉送給安全的稽核系統來保管，這不僅可以加速檢測攻擊者利用你環境的 PowerShell，還可以讓資安防護人員清楚了解攻擊者採取的作為，將事件日誌轉送到其他系統，會使攻擊者更難以篡改其內容。

> **NOTE**
>
> 微軟的 Lee Holmes 發表了一篇很不錯的文章，介紹開發團隊在 PowerShell 裡為藍隊所設計的所有功能，這篇文章可以在下列網址找到：
>
> *https://blogs.msdn.microsoft.com/powershell/2015/06/09/powershell-the-blue-team/*，
> 或使用短網址 *https://goo.gl/CrDEmt*

其次，請注意 PowerShell 可透過 WS-Management 協定，利用 TCP 端口 5985 和 5986 支援遠端連線和命令執行。現在 PowerShell 已移植到 Linux，遠端 PowerShell 命令也可以經由 SSH（TCP 端口 22）執行。Windows Server 安裝時預設是啟用 PowerShell 遠端連線的，但在工作站則預設停用，不管哪一種形式的 PowerShell 遠端連線都要通過身分驗證，而且一般要求使用管理群組裡的成員帳號。雖然 PowerShell 遠端連線大大簡化遠端系統管理，但如果管理員帳號沒有妥善保護，或者遠端存取限制太寬鬆，可能導致嚴重非法存取。關於 PowerShell 遠端連線的安全性可參閱下列網址：

*https://docs.microsoft.com/zh-tw/powershell/scripting/setup/winrmsecurity/*，
或使用短網址 *https://goo.gl/R2GTSB*

可以考慮使用 PowerShell 安全功能，如使用**約束語言模式**（CLM）可以大幅降低在 PowerShell 裡任意執行某些威力強大的作業之能力，又不會削弱具有正確簽章的腳本之功能，當攻擊者可以取得系統上的 PowerShell 遠端連線時，他們使用的許多工具或腳本就無法得逞。有關約束語言模式的精彩介紹請參閱下列網址：

*https://blogs.msdn.microsoft.com/powershell/2017/11/02/powershell-constrained-language-mode/*，
或使用短網址 *https://goo.gl/zQA8sB*

# 使用 PowerShell 模組和 CLI 進行身分驗證

為了收集 Azure 服務的詳細資訊，首先需要通過身分驗證，驗證方式取決於身分憑據的類型（帳號及密碼、服務主體或管理憑證）、服務模型以及使用的工具（Azure CLI 或 PowerShell）。表 3-1 顯示可用於身分驗證的憑據類型和服務模型及工具，注意，並非所有選項組合都是可行的。

**表 3-1**：服務模型和工具可支援的身分驗證方式

| 工具或界面 | 帳號及密碼 | 管理憑證 | 使用密碼的服務主體 | 使用憑證的服務主體 |
|---|---|---|---|---|
| ASM 模式的 azure 命令列 | 支援 | 部分支援 | 不支援 | 不支援 |
| ARM 模式的 azure 命令列 | 支援 | 不支援 | 支援 | 支援 |
| PowerShell 的 ASM 命令集 | 支援 | 支援 | 不支援 | 不支援 |
| PowerShell 的 ARM 命令集 | 支援 | 不支援 | 支援 | 支援 |
| *https://portal.azure.com/* | 支援 | 不支援 | 不支援 | 不支援 |
| *http://manage.windowsazure.com/* | 支援 | 不支援 | 不支援 | 不支援 |

如讀者所見，每個 Azure 管理界面都接受帳號和密碼的驗證方式，使用帳號密碼進行身分驗證還有一些好處，例如，不需要知道使用者對哪些訂用帳戶有存取權，因為使用這組帳號密碼登入任一組 Azure 的 Web 界面，就可以查看該使用者的訂用帳戶清單。相反地，命令列界面在執行命令時就需要指定訂用帳戶。

與管理憑證和服務主體相比，帳號和密碼更易使用，每一種工具都會提示輸入登入密碼，如果該使用者沒有啟用多重要素身分驗證（MFA）機制，只要有帳號及密碼即可進入大門了。使用管理憑證或服務主體進行身分驗證可能需要執行幾條命令，且來看看如何使用它們進行身分驗證。

# 使用管理憑證進行身分驗證

當使用管理憑證進行身分驗證時，需要知道目標訂用帳戶的識別碼，這在第 1 章討論界定評估範圍時可能就已拿到了，應該不會構成問題。

當然，憑證必須註冊在目標訂用帳戶的管理憑證清單，才可成功通過身分驗證，想要知道這組憑證是否有用，最好的方法是利用有計畫的反覆試驗。如果憑證是從一位擁有訂用帳戶的開發人員之電腦取得，或者憑證被簽入某個服務的源碼貯庫，而讀者也知道此服務屬於目標訂用帳戶所有，那麼這應該是一組合用的憑證。還好，試試憑證，就算它無法登入也不會有多大損失，雖然嘗試連線而失敗的行為可能會記錄在某處，但筆者還沒有遇過這類日誌，實際上，筆者從未因使用憑證嘗試登入失敗而被訂用帳戶的擁有者偵測到滲透測試意圖。

## 安裝管理憑證

為了要使用憑證，首先需將它安裝到讀者電腦之*憑證存放區*，為此，雙擊憑證檔，系統會開啟憑證匯入精靈，放到哪一組憑證存放區並不重要，但如果選擇存放在本機儲存區，則後續命令需要管理員權限。

## 執行身分驗證作業

清單 3-2 的 PowerShell 腳本會利用憑證向指定的訂用帳戶請求身分驗證，以便使用此憑證做為操作訂用帳戶服務的身分憑據。

清單 *3-2*：在 *PowerShell* 中使用管理憑證向 *Azure* 請求身分驗證

```
❶ PS C:\> $storeName = "My"
❷ PS C:\> $storeLocation = "LocalMachine"
❸ PS C:\> $certs = Get-ChildItem Cert:\$storeLocation\$storeName
❹ PS C:\> $certs
   Thumbprint                                Subject
   ----------                                -------
   8D94450FB8C24B89BA04E917588766C61F1981D3  CN=AzureCert

❺ PS C:\> $ azureCert = Get-Item Cert:\$storeLocation\$storeName\
      8D94450FB8C24B89BA04E917588766C61F1981D3
❻ PS C:\> $azureCert
   Thumbprint                                Subject
   ----------                                -------
   8D94450FB8C24B89BA04E917588766C61F1981D3  CN=AzureCert

❼ PS C:\> $azureCert.HasPrivateKey
   True

❽ PS C:\> Set-AzureSubscription -SubscriptionName 'Target' -SubscriptionId
      Subscription_ID -Certificate $azureCert
   PS C:\> Select-AzureSubscription -SubscriptionName 'Target'

❾ PS C:\> Get-AzureAccount
   Id                                Type Subscriptions
   --                                ---- -------------
   8D94450FB8C24B89BA04E91758...     Certificate Subscription_IDs
```

底下逐步說明清單 3-2 的命令：

1. 為了要使用管理憑證進行身分驗證，需要從憑證存放區將憑證取出。這裡指示憑證安裝在**本機電腦**（LocalMachine；而不是 CurrentUser）❷ 的**個人**（My）❶ 儲存區。如果憑證是安裝在別

的地方，請以符合程式要求的格式指定正確的憑證存放區，有關存放區名稱可以從下列網址找到：

*https://docs.microsoft.com/en-us/windows/desktop/SecCrypto/*
*system-store-locations*，
或使用短網址 *https://goo.gl/vXxtQD*

2. 然後讀取存放區裡的憑證，並放到 $certs 變數 ❸。

3. 要查看有哪些憑證可用，將 $certs 變數當成命令執行 ❹。從輸出結果得知只安裝了一組憑證：AzureCert，同時也列出憑證指紋（8D9 ... 1D3），指紋是憑證的唯一識別碼。

4. 接下來使用「Get-Item」命令，以憑證指紋選擇憑證，將它指定給憑證物件 ❺。

5. 要查看憑證是否可以使用，可將憑證物件變數當成命令執行，確保已取得憑證 ❻。如果輸出結果是空的，表示「Get-Item」命令執行有問題，請仔細檢查在 ❺ 所輸入的內容是否正確，尤其憑證指紋的值。

6. 最後，透過憑證物件的 HasPrivateKey 屬性 ❼ 確認所找到的憑證是否具有私鑰，如果沒有私鑰就無法利用它來連線訂用帳戶。

## 連線並確認存取權限

確認取得這組憑證後，可以用它連線訂用帳戶，有兩個命令能執行這些操作：「Set-AzureSubscription」及「Select-AzureSubscription」。前一組命令，可以指定訂用帳戶的名稱、識別碼和前面產生的憑證物件

變數 ❽，如果不知道訂用帳戶的名稱，那就隨便編一個吧！現在讀取的訂用帳戶或許不只一組，所以要使用「`Select-AzureSubscription`」命令設定 PowerShell 接下來的命令是作用於哪一組訂用帳戶。注意，此處的訂用帳戶名稱必須與「`Set-AzureSubscription`」命令所指定的名稱一致。

到這裡，如果憑證對該訂用帳戶是有效的，讀者應該已取得訂用帳戶的存取權了，若沒有把握，可以執行「`Get-AzureAccount`」來確認 ❾，如果有列出訂用帳戶清單，就可以對訂用帳戶執行其他 Azure ASM 命令，查看及操作其 ASM 資源。

雖然 Azure 命令列工具在 ASM 模式下，就技術而言是支援使用管理憑證驗證身分，但在實作上卻無法正確載入憑證檔，解決方法是透過 .publishsettings 檔（發行設定檔）來代替憑證檔。

發行設定檔是嵌有 base64 編碼的管理憑證和訂用帳戶識別碼之 XML 檔案（如第 2 章所述），我們可以用指定的憑證和訂用帳戶識別碼建立一支發行設定檔，手動建立程序有點冗長，還好微軟 MVP 的 Gaurav Mantri 提供了自動化處理的範例程式碼，程式碼及說明請參考下列網址：

*http://gauravmantri.com/2012/09/14/about-windows-azure-publish-settings-file-and-how-to-create-your-own-publish-settings-file/*，
或使用短網址 *https://goo.gl/L2ud3C*

一旦建立 .publishsettings 檔案後,在 Azure 命令列環境執行下列命令,將身分憑據加到 Azure CLI 中:

```
C:\>azure account import "Path_to_.publishsettings_File"
```

接著,執行一組命令測試身分憑據是否有效,例如執行「azure vm list」,如果看到「We don't have a valid access token」的錯誤訊息,表示此身分憑據是無效的,如果通過身分驗證,就算訂用帳戶不含虛擬機服務,還是可以看到「info: vm list command OK」的訊息。

# 以服務主體進行身分驗證的最佳作法

對於使用應用程式、腳本和服務等自動化管理及存取 Azure 資源的作法,最好將管理憑證換成服務主體,使用服務主體會比使用管理憑證更有安全優勢。

服務主體最顯著的改進是可以限制權限範圍,在預設情況下,服務主體是搭配單一應用程式而開立,並且可以授予服務主體執行其功能所需的特定權限。遵循最小權限原則,測試應用程式實際需要哪些權限,不要讓它毫無節制地存取所有內容,要不然此服務主體被駭客破解,將造成巨大危害。

此外,可以使用自動產生的長密碼(稱為*用戶端密碼*〔client secret〕)或憑證來建立服務主體,以便供身分驗證使用,當使用密碼方式建立服務主體時,用戶端密碼的值只會顯示一次,只要一離開此顯示頁面後，就無法再次查看（但若有必要，可以重新產生），因為這樣，頁面上會建議讀者將密碼記錄下來，請確保將密碼保存在安全的地方，例如金鑰保存庫（Key Vault）或密碼管理器，千萬不要將它儲存在源碼貯庫（或叫程式館）中，因為這樣會很難管控或追蹤誰有存取權或誰看過它，也很難從歷史版本中移除，將密碼寫在原始碼裡也是常見的外洩禍因之一，同樣地，永遠不要將密碼儲存在純文字檔案中，即使是暫時保存也不可以。

最後，請務必將所有服務主體的建立原因及用途記錄在文件上，並定期審查服務主體對資源的使用權限，隨著應用程式除役，很容易忘記移除舊的服務主體。清理舊帳號可減少訂用帳戶及其資源的攻擊表面。

# 使用服務主體進行身分驗證

回想第 2 章的內容，Azure 平台的服務主體和多數公司網域中使用的服務帳號相似，如同公司本地建置的環境一樣，這些帳戶是供系統服務在日常運行時使用，它和個別的系統管理員帳號是相互獨立的。

Azure 為這些帳戶提供了兩種身分驗證選項：密碼和憑證。但是，服務主體的權限設定比一般帳戶或管理憑證更嚴謹，服務主體與特定的應用程式關係緊密，它們通常只具備該應用程式所需要的存取權限，此外，服務主體會檢查密碼是否過期或者憑證是否有效（取決於身分驗證方式），就算擷取到這種身分憑據，也很難盡情享用。

**防護小訣竅**

由於服務主體無法套用 MFA，因此在身分驗證時，它們可能
比使用多重要素的一帳戶更具風險性，雖然服務主體有較長而
自動產生的密碼或以強大憑證為基礎的金鑰，可以有效降低暴
力破解和密碼猜測攻擊所帶來的風險，但為了安全起見，仍然
應確保服務主體只具備執行業務所需的最低權限，最好使用多
組服務主體，每個服務主體只賦予少量權限，並專用於特定任
務，而不是讓一個服務主體完全控制訂用帳戶中的所有功能，
當然，初次設置時會稍微複雜一些，但為了安全性，這些付出
絕對是值得的。

## 使用帶密碼的服務主體

要以帶有密碼的服務主體來連接 Azure，需要服務主體的 GUID（通常
稱為用戶端識別碼或應用程式識別碼）、密碼（在 Azure 入口網也稱
為密鑰），以及定義該服務主體的 Azure 活動目錄（AAD）執行個體
（Instance）之租用戶識別碼（另一組 GUID）。在找到用戶端識別碼和
密碼的地方應該也能找到租用戶識別碼，因為使用此服務主體的應用程
式也需要此值，取得這些值之後，應該能夠在 PowerShell 或 Azure CLI
執行身分驗證作業了。

## 利用 PowerShell

在 PowerShell，請執行下列命令：

```
❶ PS C:\> $key = Get-Credential
❷ PS C:\> $tenant = Tenant_ID
❸ PS C:\> Add-AzureRmAccount -Credential $key -ServicePrincipal -TenantId
  $tenant

Environment         : AzureCloud
Account             : Service_Principal_ID
TenantId            : Tenant_ID
SubscriptionId      :
SubscriptionName    :
CurrentStorageAccount :
```

Get-Credential 命令會開啟對話框，要求輸入使用者帳號和密碼，請分別輸入服務主體識別碼及密碼 ❶。下一行是將租用戶識別碼指定給變數 ❷，再下來是將兩個值都傳遞給「Add-AzureRmAccount」❸，如果知道訂用帳戶，也可以使用 -SubscriptionID 參數指定給「Add-AzureRmAccount」，如果服務主體對此訂用帳戶中的任何資源都沒有存取權限，則會返回錯誤。

## 利用 Azure CLI

要在 Azure CLI 使用帶密碼的服務主體進行身分驗證，請將 Azure CLI 切換到 ARM 模式，然後執行下列命令：

```
C:\>azure login --service-principal --username "Client_ID"
    --password "Key" --tenant "Tenant_ID"
```

此命令不會顯示任何輸出,因此請使用「azure resource list」檢查看它是否已正常執行,同時檢視現有資源。如果此身分憑據無效,應該會顯示錯誤訊息。

> **NOTE**
>
> 一般來說,在傳遞參數給各種命令時,筆者喜歡將值用雙引號(")括起來,例如此處的帳號和密碼的值,如果參數值不包含空格,用不用引號,並沒有差別,但是 Azure 允許欄位(如服務名稱)出現空格,假設輸入值含有空格,用雙引號將它括起來會比較安全。

## 使用 X.509 憑證進行身分驗證

服務主體也可以使用 X.509 憑證執行身分驗證,要在 PowerShell 中操作,請執行下列命令:

```
❶ PS C:\> $thumbprint = Certificate_Thumbprint
❷ PS C:\> $appId = Service_Principal_ID
❸ PS C:\> $tenant = Tenant_ID
❹ PS C:\> Add-AzureRmAccount -ServicePrincipal -TenantId $tenant
    -CertificateThumbprint $thumbprint -ApplicationId $appId

Environment           : AzureCloud
Account               : Application_ID
TenantId              : Tenant_ID
SubscriptionId        : Subscription_ID
SubscriptionName      :
CurrentStorageAccount :
```

請確認指定欲使用的憑證之指紋 ❶，而不是它的保護密碼，因為不會為此憑證提示輸入其他資料，所以要自行在下一列命令輸入服務主體識別碼（應用程式識別碼）❷，租用戶識別碼也一樣，而它和上面介紹以密碼進行身分驗證時所用的識別碼相同 ❸。但對於這一條「Add-AzureRMAccount」命令，要將 -Credential 參數換成 -CertificateThumbprint ❹。

# 防護訂用帳戶安全的最佳作法

訂用帳戶擁有者可以採取一些手段來減少訂用帳戶的攻擊表面，加速查覺內容的變更，可用的手段有：盡量減少訂用帳戶的高權使用者、限制非人類帳號的權限、執行稽核程序、限制每組訂用帳戶的服務之適用範圍、及使用 JIT 和 Azure PIM（見第 2 章「保護特權帳號的最佳作法」小節）來保護其他帳戶。

首先，訂用帳戶的安全程度僅和最脆弱的管理員等高，因此，要求使用者建立強密碼，並對所有訂用帳戶的使用者帳號強制啟用 MFA 機制，限制存取訂用帳戶的使用者數量，若不幸使用者帳戶被破解或個人電腦被入侵，可以降低訂用帳戶被成功攻擊的機率。

其次，檢查有權存取訂用帳戶的非人類使用帳號之數量，包括管理憑證、服務帳號和服務主體，管理員對這些帳號的責任感較低，供多人共用時更是如此。

此外，對於追蹤對訂用帳戶的存取、識別異常行為及要求使用者負起操作訂用帳戶應有的責任，稽核作業扮演關鍵角色，如果沒有稽核日誌，資安防護人員將很難確定攻擊者如何取得存取權，以及入侵之後做了哪些行為。微軟有一份完整的文件說明 Azure 可用的日誌類型，以及如何啟用日誌記錄，詳細內容請參閱下列網址：

*https://docs.microsoft.com/zh-tw/azure/monitoring-and-diagnostics/monitoring-overview-activity-logs/*，
或使用短網址 *https://goo.gl/H9QT1B*

另一個考慮因素是訂用帳戶的服務範圍，有些公司傾向使用少量的訂用帳戶，卻要每組訂用帳戶負責（包含）多項服務，這會讓**管理員過多**的問題惡化，在管理每個人對資源的存取權限時，也容易造成混亂，甚至更糟的，為了便宜行事，允許每個人可以自由設定對訂用帳戶內容的存取權限。筆者建議特定專案要使用單獨的訂用帳戶，最好對於開發、整合測試和正式環境也要使用不同的訂用帳戶，對於特別機敏的資源，例如保管重要機密的**金鑰保存庫**，應該設置在專屬的訂用帳戶中。

為了協助改進並確保訂用帳戶不會隨著時間而重新陷入不安全狀態，微軟發行一支名為「Secure DevOps Kit」的訂用帳戶和資源安全管理自動化工具包，這一份將留待第 8 章介紹。

最後，考慮使用 Azure PIM，當需要某些特權時，該帳號只在訂用帳戶中才能擁有管理權限，PIM 還可以在使用這些權限時進行額外的稽核。詳細內容可參考第 2 章「保護特權帳號的最佳作法」小節。

# 收集訂用帳戶的情報

登入 Azure 之後，就可以開始收集有關訂用帳戶及其服務的情報了，透過收集到的情報將有助於確認從何處進行更深入調查，收集訂用帳戶情報的第一件事就是關於訂用帳戶本身，例如訂用帳戶的名稱以及哪些帳號可以存取它，這些資訊可以用來確定訂用帳戶的用途，以及如何透過它轉戰其他訂用帳戶的實用線索。

在收集到情報後，首先列出當前所選的訂用帳戶內容，該內容可提供訂用帳戶的名稱及識別碼，訂用帳戶名稱非常具有情報價值，它可能是由團隊或專案名稱所組成，例如「Human Resources – Production Site」（人力資源的正式環境）或者「E-Commerce Test Environment」（電子商務平台的測試環境），此外，也要確認訂用帳戶的識別碼是否與你預期的一致，到底在不在此次滲透測試的範圍之內。

要在 PowerShell 列出目前的 ASM 訂用帳戶，請執行下列命令：

```
PS C:\> Get-AzureSubscription -Current

SubscriptionId            : d72ad5c5-835a-4908-8f79-b4f44e833760
SubscriptionName          : Visitor Sign-In Production
Environment               : AzureCloud
DefaultAccount            : admin@burrough.com
IsDefault                 : True
IsCurrent                 : True
TenantId                  : 7eb504c7-c387-4fb1-940e-64f733532be2
CurrentStorageAccountName :
```

此命令應該會回傳 PSAzureSubscription 物件並顯示訂用帳戶名稱、訂用帳戶識別碼、Azure 活動目錄的租用戶識別碼及連線使用的帳號，

還會顯示環境類型，也就是託管此訂用帳戶的 Azure 雲端類型，例如
AzureCloud 是 Azure 預設的商用版本，而 AzureUSGovernment 是獨
立的執行個體，僅供美國政府使用。

> **NOTE**
>
> 某些國家擁有獨特的隱私和資料法律，如德國和中國，都有自己的雲
> 端環境，可以利用 Get-AzureEnvironment 命令找出雲端環境及其管理
> 網址的清單。

要在 PowerShell 中查看 ARM 模型的當前訂用帳戶情報，可以執行
「Get-AzureRmContext」命令，此命令會回傳 PSAzureContext 物件，它
是裝載 PSAzureRmAccount、PSAzureEnvironment、PSAzureSubscription
和 PSAzureTenant 物件的一組容器，換句話說，透過它的輸出，可以再
深入探討租用戶、訂用帳戶和讀者所使用的帳號之具體細節。

在相關的命令之前擺放一個變數名稱和等號（=），就可以將它的輸出
保存下來，供後續作業時參考，例如下列式子：

```
PS C:\> $context = Get-AzureRmContext
```

再來，輸入變數名稱，後跟一個點號（.），然後接著想細看的資料名
稱（Account、Environment、Subscription 或 Tenant），就會回傳該物
件的可用資料。如下列命令所示：

```
PS C:\> $context.Account        # 連線帳號（Account）物件的內容
```

> **NOTE**
>
> 想要記住變數（代表某個物件）之後可選用的物件名字，這可能有些棘手，還好 PowerShell 具有自動完成功能，只需鍵入變數名稱再跟一個點號（.），然後按 Tab 鍵，就會顯示第一個可用的選項，繼續按 Tab 鍵會往前循環顯示可能的選項（或用 Shift＋Tab 往後循環），當出現想要的選項時，按 Enter 鍵就可以執行它。或者可以用 Get-Member 命令查看所有可用的值。

下列命令可以顯示哪些使用者具有 ARM 存取權及其權限清單：

```
PS C:\> Get-AzureRmRoleAssignment
```

若要查看所有可能的 ARM 角色，請執行下列命令：

```
PS C:\> Get-AzureRmRoleDefinition
```

如果是使用 Azure CLI 工具，可執行下列命令查看目前的訂用帳戶：

```
C:\>azure account show
```

雖然 CLI 不會顯示當前使用者的帳號，但還是會顯示訂用帳戶名稱、訂用帳戶識別碼、租用戶識別碼（如果有）及執行環境，應該還會顯示是否使用憑證進行連線。

在 ARM 模式下可以使用 CLI 顯示具有存取權限的帳號：

```
C:\>azure role assignment list
```

還可以顯示所有可用角色：

```
C:\>azure role list
```

# 查看資源群組

在 ARM 的資源群組（Resource group）是將一群服務包裝成一個套件，以方便管理，例如網站除了包含網頁本身，還會擁有用於儲存使用者身分描述檔的 SQL 資料庫，以及 Application Insights（應用程式的遠端監控服務）執行個體，在 ASM 中，這些項目是單獨管理的，而且很難分辨哪些服務是相關的。資源群組則可以用來監控所有相關服務、查看某個部署專案的運行成本、統一為群組內的所有服務指定權限、甚至一次就能刪除群組裡所有內容。藉由資源群組可快速了解彼此的關係及評估特定服務的潛在重要性，協助滲透測試人員進行偵察。

然而，資源群組形成兩項挑戰，其一，某些開發人員不了解如何使用資源群組，只是隨便為每個服務建立一個新群組，就算這些服務彼此相關，依然如此。由於資源群組是為了管理方便，並不是安全防護邊界，並不會阻止不同群組的服務彼此互動。

其二，在調查特定服務時，ARM PowerShell 命令通常將資源群組當作必要參數，Azure CLI 在 ARM 模型時也是如此，這會令人感到沮喪，因為可能知道資源名稱，但不清楚它隸屬於哪一個資源群組。想知道資源隸屬的群組，就要使用不同命令來枚舉群組。

使用 PowerShell 查看訂用帳戶的資源群組,請執行下列命令:

```
PS C:\> Get-AzureRmResourceGroup
```

在 Azure CLI 則執行:

```
C:\>azure group list
```

每支命令都顯示訂用帳戶的所有資源群組,卻不知這些群組裡有哪些服務,當訂用帳戶擁有數十個甚至數百個群組時,要逐一執行枚舉命令,可能令人感到厭煩,幸好,可以列出訂用帳戶的所有 ARM 資源及其資源群組和服務類型,要在 ARM PowerShell 取得資源清單,請執行下列命令:

```
PS C:\> Get-AzureRmResource
```

在 Azure CLI 則使用:

```
C:\>azure resource list
```

這些命令的輸出可能不易閱讀,建議將結果複製到試算表(如 Excel),將它當作調查指引,確保沒有遺漏任何內容。

## 查看訂用帳戶的應用程式服務(Web 應用程式)

當公司決定將某些服務遷移至雲端平台時,網站大概是最容易跨出的第一步,畢竟,大部分或全部資料都是公開的,將資料儲存在遠端伺

服器的機密性疑慮就大大減低了，此外，網站可以利用平台即服務
（PaaS）雲端供應商的自動擴展功能，在新產品發布和假日購物尖峰
時段自動增加服務容量。

微軟最初在舊版管理界面將這些站點稱為 *Web 應用程式*，但現在
已將管理作業完全轉移到入口網，並改名為*應用程式服務*（App
Service），新入口網還提供一組預建的 Web 服務範本庫，從部落格到
電子商務平台一應俱全。這項變革有一個好處，就算利用 ASM 模型部
署的應用程式，在 ARM PowerShell 和 ARM 模型的 CLI 也可以查看
得到。

## 利用 PowerShell

要使用 PowerShell 查看訂用帳戶的 Web 應用程式，請執行不帶參數的
「Get-AzureRmWebApp」，而傳統的「Get-AzureWebsite」會回傳站點
清單，這兩個命令都可以傳入網站名稱做為參數，以便返回更詳細內
容，試試 ASM 版本的傳統命令，因為它會回傳 ARM 版本在傳統網站
所遺漏的詳細資訊。清單 3-3 是此命令的輸出示例。

清單 *3-3*：來自 *PowerShell* 的 *Get-AzureWebsite* 命令之
輸出示例

---

```
❶ PS C:\> Get-AzureWebsite
  Name       : anazurewebsite
  State      : Running
  Host Names : {anazurewebsite.azurewebsites.net}

❷ PS C:\> Get-AzureWebsite -Name anazurewebsite
  Instances                      : {d160 ... 0bb13}
```

```
  NumberOfWorkers              : 1
  DefaultDocuments             : {Default.htm, Default.html, index.htm...}
❸ NetFrameworkVersion          : v4.0
❹ PhpVersion                   : 5.6
  RequestTracingEnabled        : False
  HttpLoggingEnabled           : False
  DetailedErrorLoggingEnabled  : False
❺ PublishingUsername           : $anazurewebsite
❻ PublishingPassword           : gIhh ... cLg8a
  -- 部分內容省略 --
```

在取得 Azure 網站的名稱及其 URL 後 ❶，使用 -Name ❷ 參數將感興趣的網站名稱傳遞給 Get-AzureWebsite，它會提供更詳細的資訊，但 Get-AzureRmWebApp 命令則會省略網站運行的 .NET ❸ 和 PHP ❹ 版本，以及此帳戶用於發布網站內容的帳號 ❺ 及密碼 ❻，這些值對攻擊者顯然很有用，可以根據版本查找已知的 PHP 和 .NET 漏洞，有了帳號和密碼，還可以修改網站內容。

## 在 ASM 模型使用 CLI

使用 CLI 也能取得類似的資料，在 ASM 模式下，執行「azure site list」查看訂用帳戶的網站清單，然後執行下列命令查看指定網站之詳細資訊：

```
C:\>azure site show "sitename"
```

但這份詳細輸出不如 PowerShell 命令那麼完整，許多細節都要透過它的其他選項（次級命令）取得，例如：

```
C:\>azure site appsetting list "sitename"
```

若要查看有哪些選項，可執行「azure help site」。

## 在 ARM 模型使用 CLI

在 ARM 模式，CLI 要求提供 ARM 模型裡的網站之資源群組，即使只是想枚舉站點清單也是如此，首先利用「azure group list」列出資源群組，一旦取得群組清單後，為每個資源群組分別執行「azure webapp list "*group_name*"」，接下來，利用下列形式的命令查看詳細資訊：

```
C:\>azure webapp show "group_name" "app_name"
```

就和 ASM CLI 一樣，某些詳細資訊隱藏在其他次級命令背後，要查看有哪些選項，請執行「azure help webapp」。

# 收集虛擬機的情報

做為典型的基礎架構即服務（IaaS）角色，虛擬機（VM）是 Azure 訂用帳戶中最常遇到的服務之一，就管理面而言，Azure 實際上將虛擬機分成不同組件，每個組件都由不同的命令各別設定，筆者將介紹如何取得 VM 容器本身的情報，然後展示如何獲取 VM 的硬碟映像和網路設定資訊。

## 查看虛擬機清單

與應用程式服務不同，虛擬機在不同服務模型間是相互隔離的，ASM 命令只能操作傳統虛擬機，ARM 虛擬機必須使用 ARM 命令操作，在

PowerShell 中執行「Get-AzureVM」會回傳 ASM 型的 VM 清單，包括每部 VM 的服務名稱、VM 名稱及狀態，想知道某部 VM 的詳細狀態報告，請使用下列格式的命令，並使用 -ServiceName 參數指定服務名稱：

```
PS C:\> Get-AzureVM -ServiceName "service_name"
```

回報的訊息包括 VM 的 IP 位址、DNS 地址、電源狀態和 VM 的「大小」。

## 虛擬機的定價分階方式

虛擬機大小（規格）與 VM 的硬體容量組合和每月租金有關，例如一部 A0 虛擬機有 768MB 記憶體、20GB 硬碟空間、1 個 CPU 核心和 1 個網路介面，而 D14 虛擬機則有 112GB 記憶體、800GB 的 SSD 儲存碟、16 個 CPU 核心和最多 8 個網路介面。有關每個分階的規格，請參考：*https://docs.microsoft.com/zh-tw/azure/virtual-machines/windows/sizes*，至於目前的定價方式可參考：*https://azure.microsoft.com/zh-tw/pricing/details/cloud-services/*。

這些細節非常重要，從它們可看出此虛擬機的重要性、工作負載或價值，測試用虛擬機通常介於 A0-A3 之間，而正式環境的虛擬機則會使用較高的 D 階層。此外，像特殊的 N 階直接為虛擬機提供專用的 Nvidia 圖形處理器（GPU）硬體，這類虛擬機用於大量運算工作，例如動畫渲染，或滲透測試人員用來破解密碼。

# 利用 PowerShell 查看 ARM 裡的虛擬機清單

要在 PowerShell 中列出 ARM 裡的虛擬機,請使用不帶參數的「Get-AzureRmVM」命令,它會回傳訂用帳戶的每一部虛擬機,及其資源群組的名稱、虛擬機所在地區和大小。

清單 3-4 顯示如何在 PowerShell 中取得 ARM 型的虛擬機資訊。

*清單 3-4:在 PowerShell 中取得 ARM 型虛擬機的細節*

```
❶ PS C:\> $vm = Get-AzureRmVM -ResourceGroupName "resource_group" -Name
"name"
❷ HPS C:\> $vm
ResourceGroupName    : resource_group
...
Name                 : VM_name
Location             : centralus
-- 部分內容省略 --
HardwareProfile      : {VmSize}
NetworkProfile       : {NetworkInterfaces}
OSProfile            : {ComputerName, AdminUsername, LinuxConfiguration,
Secrets}
ProvisioningState    : Succeeded
StorageProfile       : {ImageReference, OsDisk, DataDisks}
❸ PS C:\> $vm.HardwareProfile
VmSize
------
Basic_A0
❹ PS C:\> $vm.OSProfile
ComputerName         : VM_name
AdminUsername        : Username
AdminPassword        :
CustomData           :
WindowsConfiguration :
LinuxConfiguration   : Microsoft.Azure.Management.Compute.Models.
LinuxConfiguration
Secrets              : {}
```

```
❺ PS C:\> $vm.StorageProfile.ImageReference
Publisher Offer       Sku        Version
--------- -----       ---        -------
Canonical UbuntuServer 16.04-LTS latest
```

第一條命令取得虛擬機的詳細資訊並將它保存到 $vm 變數 ❶，接著傾印出儲存在 $vm 變數裡的資訊 ❷，及顯示虛擬機的規格（HardwareProfile）❸。這些資訊在一開始的虛擬機枚舉命令「Get-AzureRmVM」就取得了，但之後再從輸出資訊讀取此虛擬機的其餘細節，並逐列顯示會是比較好的作法。

現在來看看 OS 描述資料（OSProfile）的內容 ❹，內容包括管理員的帳號（很遺憾，密碼不會顯示出來）。最後，從儲存區描述資料（StorageProfile）輸出映像檔參考資訊 ❺，它呈現虛擬機的基礎映像資訊，包括作業系統版本，以本例而言，是 Ubuntu 伺服器長期支援（LTS）版的 16.04 版號。

## 利用命令列工具收集情報

要在 ASM 模式下從 CLI 收集這些情報，請使用「azure vm list」枚舉訂用帳戶裡的傳統虛擬機，然後對每一部虛擬機執行「azure vm show "*name*"」查看詳細資訊。

對於 ARM 模式下的虛擬機，CLI 的執行方式也幾乎相同，枚舉命令也是「azure vm list」，為了顯示虛擬機的詳細資訊，唯一改變是 ARM 模式還需要指定資源群組：

```
C:\>azure vm show "resource_group_name" "VM_name"
```

與 PowerShell 不同，它會一次顯示所有詳細資訊，包括帳號、虛擬機大小和作業系統版本。

# 查找儲存體帳戶及其密鑰

Azure 儲存體是微軟雲端平台儲存資料的主要位置，儲存體帳戶提供四種類型的資料儲存體，任何儲存體帳戶同時可以使用任何（或所有）類型的儲存體。*Blob 儲存體*用於保存非結構化資料，包括一般檔案和大型二進制流（binary stream）。*檔案儲存體*除了提供透過伺服器訊息區塊（SMB）存取檔案外，其他功用和 Blob 儲存體一樣，使用 SMB 會比較方便操作，Blob 儲存體傳統上需要透過複雜的 API 或第三方工具來存取，在第 4 章會介紹如何使用這些工具提取資料。*表格儲存體*是一種可擴展的 NoSQL 表格化資料集容器。最後是*佇列儲存體*用來暫時保存有序、非同步處理的訊息。

許多其他服務（包括虛擬機）依賴儲存體帳戶來保管其底層資料，虛擬機使用的*虛擬硬碟*（VHD）檔就是儲存成 Blob，其他如 Azure 網站、機器學習和活動日誌等服務也可以使用儲存體帳戶來保存資料。

有關儲存體帳戶，有兩個偵察方向：

- 目標訂用帳戶有哪些儲存體帳戶？

- 這些儲存體帳戶的密鑰是什麼？

回答第一個問題很簡單，只要記得傳統（ASM 型）儲存體帳戶和 ARM 型儲存體帳戶在 Azure 裡是彼此獨立的，所以要分別查找這兩種類型的儲存體帳戶。要在 PowerShell 檢查傳統儲存體帳戶，請使用不帶參數的「Get-AzureStorageAccount」命令列出訂用帳戶的所有 ASM 儲存體帳戶，在 Azure CLI 的等效命令是「azure storage account list」，這兩條命令會顯示儲存體帳戶的名稱、類型（它的資料備援〔redundant〕是在同一資料中心、同一個地域，或在多個地域）及位置（儲存資料的資料中心所在位置，如美國中部）。PowerShell 命令還可提供更多詳細資訊，例如帳戶所用的 URL，不過，在 CLI 也可以利用「azure storage account show "*account_name*"」命令取得此訊息。

檢查 ARM 儲存體帳戶一樣很容易，切換 CLI 模式後，用在 ASM 的命令同樣適用於 ARM。而在 PowerShell 的命令則為「Get-AzureRmStorageAccount」。

接著需要儲存體帳戶的密鑰才能存取 Azure 儲存體裡的資料，Azure 為每個儲存體帳戶分配兩組 base64 編碼的 64Byte 密鑰，分別代表**主要**和**輔助**密鑰，我們可以擇一使用。當同時擁有兩個密鑰時，管理員可以利用下列步驟輪流替換密鑰而不必關閉服務：

1. 修改服務的組態，將使用中的主要密鑰換成輔助密鑰。

2. 利用 Azure 入口網產生新的主要密鑰。

3. 再次修改服務組態，將使用中的輔助密鑰改成新產生的主要密鑰。

想要採擷這些密鑰不會太困難，由於每個存取儲存體帳戶的服務都使用相同的密鑰（或相同的兩支密鑰），因此管理員會需要一種可以輕鬆重複取出密鑰的方式，以應付頻繁的新增或修改服務，此外，很多地方都使用此密鑰，除非產生新密鑰，否則密鑰是不會過期的，所以多

數管理員永遠不會變更密鑰,就算只須上述三個步驟就能更換密鑰,但面對許多服務時,還是很煩人的。

---

## 防護小訣竅

如果發生資安事件,想要加速修補漏洞,了解正確重設被竊或遭破解的身分憑證是非常重要的,了解身分驗證的相依性同樣重要,如此才能降低因更換身分憑據而造成業務中斷的機率,明智的做法是對公司常用的任何身分憑據,定期辦理重設或「輪替」演練,並根據演練結果進行優化,以便面臨真實攻擊時,能夠快速並準確地重設身分憑據。

儲存體密鑰或 SSL 私鑰也是一樣,可以在開發環境和正式環境的所有服務上辦理主要密鑰和輔助密鑰切換演練,以便檢驗每個需要更換密鑰的地方都已正確記錄在文件上了。

---

由於這些密鑰必須要能被讀取,Azure 會因為入口網、PowerShell 和 CLI 使它們被暴露,想在 PowerShell 中取得 ASM 儲存體帳戶的主要密鑰和輔助密鑰,請執行:

```
PS C:\> Get-AzureStorageKey -StorageAccountName "Storage_Account_Name"
```

同樣的,在 PowerShell 要存取 ARM 儲存體帳戶的密鑰,請執行:

```
PS C:\> Get-AzureRmStorageAccountKey -ResourceGroupName
    "Resource_Group_Name" -StorageAccountName
    "Storage_Account_Name"
```

利用 CLI 取得 ASM 密鑰很簡單，只需執行下列命令：

```
C:\>azure storage account keys list "account_name"
```

基於某種原因，利用 ARM CLI 命令取得密鑰的方式，與其他 ARM
CLI 命令的行為不同，它要求儲存體帳戶的資源群組名稱，卻不接受
群組名稱做為命令列的參數，當在 ASM 模式執行下列命令：

```
C:\>azure storage account keys list "account_name"
```

執行後，系統會提示使用者提供資源群組名稱，在提示處輸入資源群
組名稱，密鑰才會顯示出來。


# 收集網路架構的情報

網路是 Azure 中比較複雜的部分之一，因為它涉及 IP 位址分配、防火
牆規則、虛擬網路和虛擬私有網路（VPN）等議題，甚至涉及企業和
Azure 之間專用的 ExpressRoute。在本質上，ExpressRoute 連線是專
用的廣域網路（WAN）鏈路，允許公司將 Azure 的資源當成企業內部
網路的一部分。在本節，筆者只會將重點放在枚舉常用的網路功能：
網路介面（IP 位址）、端點（端口）和網路安全性群組（防火牆），至
於更深入的話題將在第 6 章討論。

# 網路介面

網路介面（Network interfaces）是指和 ARM 模型的虛擬機相關聯之虛擬網卡，至於傳統（ASM 模型）虛擬機只稱呼其 *IP 位址*。每部虛擬機通常有兩組 IP 位址：一組對內，無法從網際網路直接連線，只用來連接訂用帳戶的其他服務；另一組是供網際網路使用的公共 IP 或虛擬 IP 位址。對於滲透測試人員而言，取得這些 IP 是非常有用的，因為可以用來執行端口掃描和攻擊虛擬機，不必為了搜尋設備而掃描整個範圍的位址。Azure 的公共 IP 位址可以動態重新分配給其他 Azure 客戶，取得測試目標的位址，還能確保掃描範圍是在契約規範以內。

> **NOTE**
>
> 已經擁有 Azure 入口網或 API 存取權限，為什麼還需要針對虛擬機的 IP 位址執行外部掃描呢？在滲透測試期間，客戶經常需要檢測一些攻擊向量，從來自內部的威脅到網際網路上的腳本小子（Script kiddies），雖然內部人員或國家級的攻擊也許能夠突破客戶的網路並取得入口網的存取權限，但技能較低的攻擊者可能就做不到，因此，對暴露在網際網路的任何功能進行傳統式安全評估是非常重要的。
>
> 此外，Azure 入口網並不提供管理虛擬機的主控台（Console），想要管理虛擬機必須透過它的網路介面，使用遠端管理服務（如 RDP 或 SSH）連線。

---

**防護小訣竅**

網際網路上的所有服務都不斷遭受端口和漏洞掃描、暴力密碼猜測及其他攻擊。甚至有像 Shodan（*https://www.shodan.io/*）這類網站收集端口掃描的結果，並提供公開搜尋，為了降低攻擊帶來的衝擊，應該想辦法關閉未使用的管理服務、管制 IP 的存取權，並將虛擬機建置在內部的 VLAN 上，與網際網路隔離。

---

## 列出傳統 VM 使用的內部 IP

要從傳統虛擬機列出內部 IP，只需在 PowerShell 執行「Get-AzureVM」或 CLI 執行「azure vm show」，在 ASM 模型中，這兩組命令應該都會列出內部 IP。相反地，在 ARM 模型中，CLI 的 vm show 命令預設只顯示公共 IP。表 3-2 列出命令可以顯示哪種 IP。

**表 3-2**：工具所能顯示的 IP 位址

| 命令 | 模式 | 內部 IP | 公共 IP |
|------|------|---------|---------|
| azure vm show | ASM | 顯示 | 顯示 |
| azure vm show | ARM | 不顯示 | 顯示 |
| Get-AzureVM | ASM | 顯示 | 不顯示 |
| Get-AzureRmVM | ARM | 不顯示 | 不顯示 |

對於 ASM 模型的虛擬機，CLI 的「azure vm show」命令可以一次取得所有 IP。要在 ARM 模式使用 CLI 顯示所有網路介面，請輸入「azure network nic list」，它會列出網路介面名稱、資源群組、MAC 位址和位置，下列的命令則是用來顯示特定網路介面（NIC）的詳細資訊：

```
C:\>azure network nic show "resource_group_name" "NIC_name"
```

輸出的資訊應該還包括 IP 位址的細節，如靜態或動態 IP，及相關聯的虛擬機或服務。

為了利用 ASM PowerShell 命令取得動態分配給特定虛擬機的公共 IP，需要先列出有哪些虛擬機，這會在下一節說明。另外，如果訂用帳戶的 ASM 資源使用靜態公共 IP 位址，不具參數的「Get-AzureReservedIP」命令應該可列出它們及所綁定的服務。

最後，要在 PowerShell 查看 ARM 資源的 IP，請使用「Get-AzureRmNetworkInterface」命令顯示訂用帳戶使用的所有網路介面，但它只會顯示私有 IP，要查看公共 IP，請使用「Get-AzureRmPublicIpAddress」命令，它應該會顯示使用公共 IP 的所有 ARM 資源、它的 IP 位址及此位址是動態或靜態分配。

## 利用 Azure 管理工具查詢端點設備

一旦知道訂用帳戶中的 IP 位址，就該檢查在這些 IP 上有哪些可用的端口，在 Azure 傳統虛擬機，網路端口稱為端點（Endpoint），是指在主機上運行的服務。對於 ARM 的虛擬機，端口管理已經和防火牆管理結合了，但 ASM 還是分開處理。底下來看看如何枚舉 ASM 端點。

雖然可以執行端口掃描程式（如 Nmap）來收集這些情報，但它有幾個缺點：

- ASM 型虛擬機遠端桌面協定（RDP）設定在高編號的隨機端口上，因此需要掃描所有 65,535 個端口才有可能發現。

- 由於掃描會經過網際網路，將比在區域網路執行類似掃描要慢得多。

- 一個訂用帳戶可能擁有數十部甚至數百部主機。

- 因為防火牆，只能找到連接網際網路的端口，對於只開放給訂用帳戶的其他主機或 Azure 內部的服務就無能為力了。

基於這些原因，使用 Azure 管理工具直接查詢端口可以更快，更徹底，要在 PowerShell 查詢端點，請使用「Get-AzureEndpoint」，範例如清單 3-5 所示，每部傳統虛擬機都要個別執行一次，而且是傳遞 PowerShell 的 IPersistentVM 物件做為參數，而不是直接使用虛擬機的名稱，利用「Get-AzureVM」命令可以得到此類型的物件。

清單 3-5：在 PowerShell 取得 ASM 虛擬機的端點資訊

```
❶ PS C:\> $vm = Get-AzureVM -ServiceName vmasmtest
❷ PS C:\> Get-AzureEndpoint -VM $vm
   LBSetName           :
   LocalPort           : 22 ❸
   Name                : SSH ❹
   Port                : 22 ❺
```

```
Protocol                   : tcp
Vip                        : 52.176.10.12 ❻
-- 以下內容省略 --
```

在 ❶ 處使用虛擬機的服務名稱取得虛擬機物件,並儲存到變數裡,接著將該物件傳遞給 Get-AzureEndpoint 命令 ❷,它會回傳伺服器正在偵聽的端口 ❸、端點名稱 ❹(通常是執行中服務的名稱,如 SSH、RDP 或 HTTP)、連接網際網路的端口 ❺(它會轉發到 ❸ 的本地端口),以及端點的虛擬 IP(VIP)位址 ❻,VIP 是虛擬機的公共 IP 位址。

Azure CLI 也可以列出 ASM 模式的端點清單,要列出特定虛擬機的端點清單,請執行下列命令:

```
C:\>azure vm endpoint list "VM_name"
```

每部虛擬機只需執行此命令一次就能查看它的所有端點。

## 取得防火牆規則或網路安全性群組

從 Azure 的防火牆規則收集虛擬機的網路設定資訊是非常實用的,從這些情報可知虛擬機的哪些端口允許從哪裡存取,這些規則與虛擬機的本機防火牆是分開的,其作用類似路由器的端口轉發。Azure 的防火牆過濾條件,在 ARM 模型稱為*網路安全性群組*(NSG),在 ASM 模型則稱為*傳統網路安全性群組*。

## 利用 PowerShell 查看 ASM 型的網路安全性群組

由於各種原因，傳統虛擬機通常不使用 NSG，但知道如何列出傳統和 ARM 型的 NSG 是有必要的，了解防火牆的配置可以避免不必要的端口掃描，甚至可以向客戶報告調查發現哪些服務缺乏防火牆保護。在 PowerShell 可以使用不帶參數的「Get-AzureNetworkSecurityGroup」命令列出傳統 NSG 的名稱和位置，使用下列命令可查看特定的傳統 NSG 裡之規則：

```
PS C:\> Get-AzureNetworkSecurityGroup -Detailed -Name "NSG_Name"
```

若要查看每個傳統 NSG 的細節，可執行下列命令：

```
PS C:\> Get-AzureNetworkSecurityGroup -Detailed
```

不幸的，此命令的輸出不會將 NSG 對應到虛擬機。若要查看虛擬機與 NSG 規則的關聯，請先取得目標虛擬機的物件，然後執行下列命令顯示 NSG 與該虛擬機的關聯（如果 VM 不使用 NSG，則會看到錯誤訊息）：

```
PS C:\> Get-AzureNetworkSecurityGroupAssociation -VM $vm
    -ServiceName $vm.ServiceName
```

## 利用 CLI 查看 ASM 型的網路安全性群組

Azure CLI 也可以顯示傳統的 NSG 設定，在 ASM 模式下查看所有傳統 NSG，請執行下列命令：

```
C:\>azure network nsg list
```

要查看 NSG 裡的規則，請執行：

```
C:\>azure network nsg show "NSG_Name"
```

對於 CLI，筆者尚未找到可以顯示 NSG 和虛擬機關聯的方法。

## 利用 PowerShell 查看 ARM 型的網路安全性群組

在 PowerShell 執行「Get-AzureRmNetworkSecurityGroup」查看 ARM 型的 NSG，它會回傳每一組 NSG 的名稱、資源群組、區域和規則，包括訂用帳戶管理員定義的規則以及 Azure 自動建立的規則，例如：**允許從所有虛擬機對網際網路的出站流量**。查看所有規則會很有幫助，畢竟移除「允許從所有虛擬機對網際網路的出站流量」這條規則，也許能夠封鎖受感染的虛擬機向 C&C 發送流量，而利用「Get-AzureRmNetworkSecurityRuleConfig」命令可以查看特定 NSG 裡客製定義的規則。

為了使用 PowerShell 取得 ARM 虛擬機到 ARM NSG 映射關係，需要找到虛擬機的網路介面，然後查尋該介面的 NSG。清單 3-6 的三列命令可以嵌套成一列，但為了可讀性及避免錯誤，筆者通常會分解成依序的命令。

清單 *3-6：用 PowerShell 查找特定虛擬機的網路安全性群組*

❶ PS C:\> $vm = Get-AzureRmVM -ResourceGroupName "*VM_Resource_Group_Name*"
　　-Name "*VM_Name*"
❷ PS C:\> $ni = Get-AzureRmNetworkInterface | where { $_.Id -eq
　　$vm.NetworkInterfaceIDs }
❸ PS C:\> Get-AzureRmNetworkSecurityGroup | where { $_.Id -eq

```
    $ni.NetworkSecurityGroup.Id }
Name                    : NSG_Name
ResourceGroupName       : NSG_Resource_Group_Name
Location                : centralus
. . .
SecurityRules           : [
                            {
                                "Name": "default-allow-ssh",
-- 以下內容省略 --
```

在 ❶ 處，先取得虛擬機物件並儲存於 $vm 變數；在 ❷ 處使用虛擬機的網路介面識別碼屬性查尋，以取得該虛擬機的網路介面物件；最後，利用儲存在網路介面物件裡的網路安全性群組識別碼顯示 NSG 資訊 ❸。除了更換第一列的虛擬機資源群組和名稱之外，其餘部分可以完全按照此處命令執行。

## 利用 CLI 查看 ARM 型的網路安全性群組

在 ARM 模式查看 NSG 的 CLI 命令幾乎與 ASM 相同，唯一的差別是顯示特定 NSG 的 ARM 命令需要資源群組名稱，命令格式如下所示：

azure network nsg show "Resource_Group_Name" "NSG_Name"

# 查看 Azure SQL 資料庫和伺服器

在 Azure 中經常可以找到 SQL，因為 Azure 裡的許多網站都需要它，若將 SQL 建置在公司內部伺服器可能會降低效能，還需要設定許多令人感到困惑的組態選項，但是只要花幾分鐘就能設定完成 *Azure SQL*（微軟於雲端平台的 SQL 方案）。

Azure SQL 分為 SQL 伺服器和 SQL 資料庫，儘管資料庫存在於 Azure SQL 伺服器，但這兩個項目是個別管理，這可能會讓有經驗的 SQL 管理員感到不可思議。

## 列出 Azure SQL 伺服器

要列出訂用帳戶的 SQL 伺服器（包括資料庫伺服器名稱、位置、管理員帳號和版本），請執行不帶參數的「Get-AzureSqlDatabaseServer」，在取得伺服器資訊後，再執行下列命令查看該伺服器中每個資料庫之名稱、大小和建立日期：

```
PS C:\> Get-AzureSqlDatabase -ServerName "Server_Name"
```

## 查看 Azure SQL 的防火牆規則

要查看套用在 Azure SQL 的防火牆規則，請執行：

```
PS C:\> Get-AzureSqlDatabaseServerFirewallRule -ServerName "Server_Name"
```

除了 Azure 服務外，其他連線預設是禁止存取 Azure SQL 伺服器，雖然對安全性很有幫助，但想從工作站連接到資料庫的開發人員卻感到相當失望，想使用 SQL Server Management Studio（用於管理 SQL 資料庫的工具）登入 Azure SQL 伺服器時，有個煩人的額外動作，會提示是否將使用者目前 IP 位址自動加入防火牆規則，毫無懸念，對於經常變換 IP 位址的開發人員，一定感到不勝其擾，因此經常可在 Azure SQL 的防火牆找到允許任何 IP 位址連接的規則，或至少允許來自公司內部網路的任何 IP 連接，檢查防火牆，看看可以使用哪些主機繞過防火牆規則而直接連線到 SQL 伺服器。

## ARM PowerShell 的 SQL 命令

ARM PowerShell 擴充套件比 ASM PowerShell 多了幾十個與 SQL 相關的命令，但許多功能並不常用或與滲透測試程序無關，或許 ARM 的最大障礙是「Get-AzureRmSqlServer」命令需要資源群組，為了查看所有 SQL 伺服器，需要針對訂用帳戶的每個資源群組逐一執行該命令，但還好 PowerShell 提供一個快捷方式，只要透過管線將「Get-AzureRmResourceGroup」的輸出傳遞給「Get-AzureRmSqlServer」就可以看到所有 SQL 伺服器，如清單 3-7 所示。

*清單 3-7：在 PowerShell 查找 ARM 型的 SQL 伺服器*

```
PS C:\> Get-AzureRmResourceGroup | Get-AzureRmSqlServer

ResourceGroupName        : Resource Group Name
ServerName               : Server Name
Location                 : Central US
SqlAdministratorLogin    : dba
SqlAdministratorPassword :
ServerVersion            : 12.0
Tags                     : {}
```

## 列出伺服器中的資料庫

PowerShell 提供一支顯示 SQL 伺服器裡所有資料庫資訊的 ARM 模式命令，包括資料大小、建立日期和所在區域。要列出伺服器裡的資料庫，請執行下列命令：

```
PS C:\> Get-AzureRmSqlDatabase -ServerName "Server_Name"
    -ResourceGroupName "Server_Resource_Group_Name"
```

要查看 ARM 的 SQL 防火牆規則及每條規則的名稱和起始與結束 IP 位址，請執行下列命令：

```
PS C:\> Get-AzureRmSqlServerFirewallRule -ServerName "Server_Name"
    -ResourceGroupName "Server_Resource_Group_Name"
```

最後，可試者執行下列命令，查看 Azure 是否執行威脅偵測工具：

```
PS C:\> Get-AzureRmSqlServerThreatDetectionPolicy -ServerName "Server_Name"
    -ResourceGroupName "Server_Resource_Group_Name"
```

威脅偵測工具可監視 SQL 注入等攻擊，在可能觸發警報之前，需要知道它是否正在運行。

## 防護小訣竅

務必充分利用 Azure 的安全功能，定期檢查是否有人在 SQL 防火牆加入 allow-all 規則，並且要記得加入新的安全功能應立即啟用，例如 SQL 威脅偵測（參考：*https://docs.microsoft.com/zh-tw/azure/sql-database/sql-database-threat-detection/*）。雖然沒有任何功能敢保證系統的完整安全性，但每個新加的控制都能強化保護層級，提高對服務的攻擊難度，只要攻擊難度過高，駭客自然會轉移到別的陣地。

## 使用 CLI 操作 Azure SQL

可以使用 CLI 收集 Azure SQL 情報，但要記住，它只有 ASM 模式的 SQL 命令，而且需要資料庫帳戶的身分憑據才能從 SQL 伺服器列出資料庫資訊，也沒有命令可以查看 SQL 威脅偵測的狀態，亦不具備 ARM PowerShell 裡可用的進階 SQL 命令。

要使用 CLI 查看訂用帳戶的 SQL 伺服器（包括資料庫名稱及託管的資料中心），請執行「azure sql server list」，然後執行下列命令查看其他細節，例如資料庫管理員的帳號和伺服器版本：

```
C:\>azure sql server show "Server_Name"
```

最後，要檢查防火牆規則，請輸入「azure sql firewallrule list」，再利用下列命令顯示特定的防火牆規則：

```
C:\>azure sql firewallrule show "Server_Name" "Rule_Name"
```

# 統合 PowerShell 腳本

在滲透測試期間，筆者通常只能在有限時間內收集情報，要嘛是需要查閱幾十個訂用帳戶，要嘛使用一組合法使用者的系統或身分憑據，而且作業時間越長，被偵測到的機會就越大，因此，筆者喜歡將所需命令放到一支容易操作的腳本裡。

在接下來的部分，筆者將介紹針對 ASM 和 ARM 的 PowerShell 腳本，同時擁有這兩種腳本是非常重要的，因為適用在某一訂用帳戶模型的身分憑據，不見得能適用在另一個訂用帳戶模型，此外，並非所有系統都安裝 ARM 命令，如果契約沒有限制，筆者通常會執行這兩種腳本，雖然有些作業是重複的，但取得過多情報總比錯過好。

筆者沒有為 CLI 提供腳本，因為 PowerShell 的輸出更容易以腳本形式處理，如果使用與待測目標相同的工具，則滲透測試也比較不容易被發現，多數開發人員會安裝 Azure PowerShell 擴充套件，而不太會安裝 CLI 工具。

這兩種腳本可從 *https://github.com/mburrough/pentestingazureapps* 下載，當然，可能需要針對特殊情境修改內容、加入身分驗證等等，筆者發現最簡單的方式是啟動 PowerShell 視窗，使用已取得的憑據進行身分驗證，然後開始使用腳本。另外，若尚未於 PowerShell 視窗執行「Set-ExecutionPolicy -Scope Process Unrestricted」命令，可能需要執行一次，以便讓系統可執行未簽章的腳本。

## ASM 腳本

清單 3-8 的腳本會遍查訂用帳戶的常見 ASM 資源，然後顯示這些服務的資訊，它用到了本章討論的所有 ASM PowerShell 命令。

## 清單 3-8：統合後的 ASM PowerShell 偵察腳本

```
# 要先安裝 Azure PowerShell 命令環境
# 細節請參閱：https://github.com/Azure/azure-powershell/

# 在執行此腳本之前，請先完成：
# * 執行： Import-Module Azure
# * 在 PowerShell 中完成 Azure 的身分驗證作業
# * 可能還需要執行： Set-ExecutionPolicy -Scope Process Unrestricted

# 顯示訂用帳戶的中介資料（metadata）
Write-Output (" Subscription ","==============")
Write-Output ("Get-AzureSubscription -Current")
Get-AzureSubscription -Current

# 顯示網站
Write-Output ("", " Websites ","==========")
$sites = Get-AzureWebsite
Write-Output ("Get-AzureWebsite")
$sites
foreach ($site in $sites)
{
    Write-Output ("Get-AzureWebsite -Name " + $site.Name)
    Get-AzureWebsite -Name $site.Name
}

# 查看虛擬機
Write-Output ("", " VMs ","=====")
$vms = Get-AzureVM
Write-Output ("Get-AzureVM")
$vms
foreach ($vm in $vms)
{
    Write-Output ("Get-AzureVM -ServiceName " + $vm.ServiceName)
    Get-AzureVM -ServiceName $vm.ServiceName
}

# 枚舉 Azure 的儲存體
Write-Output ("", " Storage ","=========")
$SAs = Get-AzureStorageAccount
```

```
Write-Output ("Get-AzureStorageAccount")
$SAs
foreach ($sa in $SAs)
{
    Write-Output ("Get-AzureStorageKey -StorageAccountName" + $sa.StorageAccountName)
    Get-AzureStorageKey -StorageAccountName $sa.StorageAccountName
}


# 取得網路設定資訊
Write-Output ("", " Networking ","============")
Write-Output ("Get-AzureReservedIP")
Get-AzureReservedIP
Write-Output ("", " Endpoints ","===========")
# 顯示每一部虛擬機的網路端點
foreach ($vm in $vms)
{
    Write-Output ("Get-AzureEndpoint " + $vm.ServiceName)
    Get-AzureEndpoint -VM $vm
}


# 傾印網路安全性群組內容
Write-Output ("", " NSGs ","======")
foreach ($vm in $vms)
{
    Write-Output ("NSG for " + $vm.ServiceName + ":")
    Get-AzureNetworkSecurityGroupAssociation -VM $vm -ServiceName $vm.ServiceName
}


# 顯示 SQL 資訊
Write-Output ("", " SQL ","=====")
$sqlServers = Get-AzureSqlDatabaseServer
Write-Output ("Get-AzureSqlDatabaseServer")
$sqlServers
foreach ($ss in $sqlServers)
{
    Write-Output ("Get-AzureSqlDatabase -ServerName " + $ss.ServerName)
    Get-AzureSqlDatabase -ServerName $ss.ServerName
    Write-Output ("Get-AzureSqlDatabaseServerFirewallRule -ServerName " + $ss.ServerName)
    Get-AzureSqlDatabaseServerFirewallRule -ServerName $ss.ServerName
}
```

# ARM 腳本

清單 3-9 是清單 3-8 的 ARM 版本，它比 ASM 版本略長，因為會收集
更多有關訂用帳戶、虛擬機和網路介面的細節。

## 清單 3-9：統合後的 ARM PowerShell 偵察腳本

```
# 要先安裝 Azure PowerShell 命令環境
# 細節請參閱： https://github.com/Azure/azure-powershell/

# 在執行此腳本之前，請先完成：
# * 執行： Import-Module Azure
# * 在 PowerShell 中完成 Azure 的身分驗證作業
# * 可能還需要執行： Set-ExecutionPolicy -Scope Process Unrestricted

# 顯示當前 Azure 訂用帳戶的詳細資訊
Write-Output (" Subscription ","==============")
Write-Output ("Get-AzureRmContext")
$context = Get-AzureRmContext
$context
$context.Account
$context.Tenant
$context.Subscription

Write-Output ("Get-AzureRmRoleAssignment")
Get-AzureRmRoleAssignment

Write-Output ("", " Resources ","===========")
# 顯示此訂用帳戶的資源群組及其資源清單
Write-Output ("Get-AzureRmResourceGroup")
Get-AzureRmResourceGroup | Format-Table ResourceGroupName,Location,ProvisioningState
Write-Output ("Get-AzureRmResource")
Get-AzureRmResource | Format-Table Name,ResourceType,ResourceGroupName

# 顯示 Web 應用程式
Write-Output ("", " Web Apps ","==========")
Write-Output ("Get-AzureRmWebApp")
Get-AzureRmWebApp
```

```
# 列出虛擬機
Write-Output ("", " VMs ","=====")
$vms = Get-AzureRmVM
Write-Output ("Get-AzureRmVM")
$vms
foreach ($vm in $vms)
{
    Write-Output ("Get-AzureRmVM -ResourceGroupName " + $vm.ResourceGroupName +
        "-Name " + $vm.Name)
    Get-AzureRmVM -ResourceGroupName $vm.ResourceGroupName -Name $vm.Name
    Write-Output ("HardwareProfile:")
    $vm.HardwareProfile
    Write-Output ("OSProfile:")
    $vm.OSProfile
    Write-Output ("ImageReference:")
    $vm.StorageProfile.ImageReference
}

# 顯示 Azure 的儲存體
Write-Output ("", " Storage ","=========")
$SAs = Get-AzureRmStorageAccount
Write-Output ("Get-AzureRmStorageAccount")
$SAs
foreach ($sa in $SAs)
{
    Write-Output ("Get-AzureRmStorageAccountKey -ResourceGroupName " + $sa.ResourceGroupName +
        " -StorageAccountName" + $sa.StorageAccountName)
    Get-AzureRmStorageAccountKey -ResourceGroupName $sa.ResourceGroupName -StorageAccountName
        $sa.StorageAccountName
}

# 取得網路設定資訊
Write-Output ("", " Networking ","============")
Write-Output ("Get-AzureRmNetworkInterface")
Get-AzureRmNetworkInterface
Write-Output ("Get-AzureRmPublicIpAddress")
Get-AzureRmPublicIpAddress

# 傾印網路安全性群組內容
Write-Output ("", " NSGs ","======")
```

```
foreach ($vm in $vms)
{
    $ni = Get-AzureRmNetworkInterface | where { $_.Id -eq $vm.NetworkInterfaceIDs }
    Write-Output ("Get-AzureRmNetworkSecurityGroup for " + $vm.Name + ":")
    Get-AzureRmNetworkSecurityGroup | where { $_.Id -eq $ni.NetworkSecurityGroup.Id }
}

# 顯示 SQL 資訊
Write-Output ("", " SQL ","=====")
foreach ($rg in Get-AzureRmResourceGroup)
{
    foreach($ss in Get-AzureRmSqlServer -ResourceGroupName $rg.ResourceGroupName)
    {
        Write-Output ("Get-AzureRmSqlServer -ServerName" + $ss.ServerName +
            " -ResourceGroupName " + $rg.ResourceGroupName)
        Get-AzureRmSqlServer -ServerName $ss.ServerName -ResourceGroupName
            $rg.ResourceGroupName

        Write-Output ("Get-AzureRmSqlDatabase -ServerName" + $ss.ServerName +
            " -ResourceGroupName " + $rg.ResourceGroupName)
        Get-AzureRmSqlDatabase -ServerName $ss.ServerName -ResourceGroupName
            $rg.ResourceGroupName

        Write-Output ("Get-AzureRmSqlServerFirewallRule -ServerName" + $ss.ServerName +
            " -ResourceGroupName " + $rg.ResourceGroupName)
        Get-AzureRmSqlServerFirewallRule -ServerName $ss.ServerName -ResourceGroupName
            $rg.ResourceGroupName

        Write-Output ("Get-AzureRmSqlServerThreatDetectionPolicy -ServerName" +
            $ss.ServerName + " -ResourceGroupName " + $rg.ResourceGroupName)
        Get-AzureRmSqlServerThreatDetectionPolicy -ServerName
            $ss.ServerName -ResourceGroupName $rg.ResourceGroupName
    }
}
```

記得隨時查看 *https://github.com/mburrough/pentestingazureapps* 以取得腳本的最新版本。

# 結語

筆者已經介紹一系列用於了解 Azure 訂用帳戶功用的命令，說明從哪裡取得 Azure 的 PowerShell 和命令列工具，並根據採擷到的身分憑據類型，討論了各種身分驗證方式，也展示如何探索訂用帳戶中的網站、虛擬機、儲存體帳戶、網路設定和 SQL 資料庫，最後還提供可快速查詢這些服務的腳本。

筆者認為這些技術對任何完整的滲透測試都是不可或缺的，它們有助於深入了解客戶的整體攻擊表面，非正式環境的系統有時可以做為存取正式環境資源的跳板，但往往忽略對它們進行風險評估。要對完整的訂用帳戶執行滲透測試，而不只是被認為重要的資源，如此方能大幅提升滲透測試回饋給客戶的價值。

下一章將展示利用 Azure 儲存體帳戶弱點的實用技術。

# 檢測儲存體　4

在接下來的幾章中，將深入探討特定的 Azure 服務及針對各種服務的獨特滲透測試技術和工具。我們將從 Azure 儲存體帳戶開始，這些帳戶提供許多 Azure 服務儲存資料之用，從日誌資料到虛擬機的「硬碟」映像等內容，客戶還會使用儲存體帳戶做為檔案共享平台和備份裝置，也就是以雲端儲存體替代公司內部的檔案伺服器，當然，將所有雞蛋放在同一個籃子裡，勢必引起攻擊者覬覦。

除了資料本身潛在的價值外，還有很多因素讓儲存體帳戶成為理想的攻擊目標，其中最重要的是每個儲存體帳戶都有兩組密鑰，可以完全掌控它的資料，使用到儲存體帳戶的服務和所有帳戶管理員都共用這些密鑰，更糟的，多數客戶罕有去變更它們。

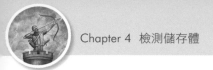

此種作為會導致責任不清、授權不易管理和密碼不易更換（如果真的發生攻擊）等問題，儲存體帳戶密鑰也存在人為造成的弱點：許多應用程式需要儲存體存取權，開發人員通常會在程式或組態檔嵌入儲存體密鑰，而沒有考慮潛在的危害。

本章首先討論 Azure 儲存體可用的不同身分驗證方式，然後，介紹如何在源碼中尋找這些身分憑據，接著再來看看常見用於存取和管理 Azure 儲存體的工具，以及如何利用它們取得儲存體帳戶的身分憑據，我們不可能事先預知開發人員的系統上會有哪些工具程式，所以有必要瞭解常見的工具。最後，說明如何從儲存體帳戶中讀取不同形式的資料，這有兩個目的：第一，向客戶證明未適當保護雲端儲存體，會面臨資料外洩的重大風險；第二，透過此帳戶內的資料有時可以獲取某個環境的額外存取權限。

## 維護儲存體安全性的最佳作法

2016 年至 2018 年間，20 多個已公開的資料外洩事件都涉及不當的雲端儲存設定，通常，當開發人員撰寫程式存取雲端儲存容器，又將存取密鑰嵌入源碼而一起儲存到源碼貯庫（程式館）時，問題就出現了，因為許多公司使用像 GitHub 之類服務來託管程式碼，開發人員可能沒有意識到他們用來儲存密碼的貯庫是開放公眾存取的。

有時，當儲存體帳戶設定為任何人不需要密碼皆可讀取時，也會發生資料外洩問題，由於惡意行為者經常利用掃描公共源碼貯庫來查找密碼和儲存體帳戶的 URL、嘗試取得存取權限，因此從發生不當管理到資料外洩之間的間隔可能非常短，即使限制存取源碼貯庫的權限，存取程式碼的人數通常仍比被授權擁有密鑰的人數還多。另外，密碼和密鑰絕不應以明文形式儲存，就算暫時保存也一樣。

身為管理員可以採取幾個手段防範這些問題，首先是定期辦理儲存體帳戶密鑰的輪替或重設演練，並記錄需要更新密鑰的任何位置，這樣一來，如果發生真實事件，就能著手進行修復而不必擔心破壞每個服務之間的相依性。

接著，盡可能為雲端儲存體的靜態及傳輸資料啟用加密保護，從 2017 年底起，Azure 預設會以自動管理的密鑰為所有 Azure 儲存體裡的資料加密，如果需要，管理員可以使用 Azure 入口網的儲存體帳戶設定功能，提供自己的加密密鑰，但是，儘管此設定可保護其儲存媒體上的資料，但還是無法保護從儲存體帳戶上傳或下載的資料，為此，必須將儲存體帳戶設定成只允許以 HTTPS 協定連接，在 Azure 入口網藉由啟用儲存體帳戶的「需要安全傳輸」選項，即能完成設定作業，也可以利用 PowerShell 來啟用：

```
PS C:\> Set-AzureRmStorageAccount -Name "StorageName" -ResourceGroupName
"GroupName" -EnableHttpsTrafficOnly $True
```

要確保沒有預期之外的人員擁有儲存體帳戶的存取權，應定期檢查儲存容器的「存取層級」設定，除非打算允許匿名存取，否則應該設成「私人」，也可以使用共用存取簽章（SAS）的符記在儲存體帳戶中設

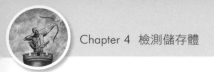

定更細緻的權限，包括限制存取的時段及 IP 範圍，有關這些權限的詳
細資訊，請參閱下列網址：

*https://docs.microsoft.com/zh-tw/azure/storage/blobs/storage-manage-*
*access-to-resources/*，
或使用短網址 *https://goo.gl/84Vhqa*

最後，定期審查程式源碼，尋找開發人員將密碼儲存到源碼貯庫的案
例，甚至可以考慮使用源碼分析工具，在程式碼簽入貯庫時自動檢查
是否存在密碼，這不僅有助於查找儲存體帳戶密鑰，對查找其他身分
憑據也有不少助益。

# 存取儲存體帳戶

可以利用儲存體帳戶的密鑰、使用者的身分憑據和**共用存取簽章**
（SAS）符記等存取 Azure 儲存體，SAS 符記是嵌在網址（URL）裡
的存取密鑰，可以存取有限的檔案子集，可能還會有其他限制。每種
類型的身分憑證都有不同的使用目的，對滲透測試人員的實用性也各
有不同。接著來看看它們各有何性質。

## 儲存體帳戶的密鑰

使用儲存體帳戶密鑰（與儲存體帳戶的名稱配對）是最理想且最常使
用的攻擊方法，不必通過 2FA 機制又能取得儲存體帳戶的完整存取權
限，儲存體帳戶只有兩組密鑰：**主要密鑰**和**輔助密鑰**，所有儲存體帳
戶的使用者都共用這些密鑰，密鑰沒有到期日，不會自動逾期，但可

以輪替,它和使用者可以自由選擇的密碼不同,儲存體密鑰是自動產生 64 Byte 值的 base64 編碼,由於使用 base64 編碼,因此很容易從源碼或設定檔中一眼識出。

各種 Azure 儲存體工具及相關的 API 都支援使用儲存體密鑰,所以流通性很高,也是開發人員最常使用的憑證,再加上變動頻率低,因此要取得有效密鑰的機會很高。

## 使用者的身分憑據

除了儲存體密鑰,使用者的身分憑據也是不錯的目標,雖然以角色為基礎的權限控制可能會限制使用者操作儲存體帳戶的能力,實務上,對於儲存體帳戶來說,使用權限很少設定得太細致。依靠身分憑據進行滲透測試的最大缺點是可能會遇到 2FA,若使用者的帳戶啟用 2FA,不使出第 2 章「應付雙重要素身分驗證機制」小節所討論的手法,就很難假扮使用者,這個機制會增加攻擊的複雜性,並降低成功機率。利用身分憑據還會遇到缺乏工具支援的障礙,在本章後段介紹的許多 Azure 儲存體工具都只接受儲存體密鑰,因此必須先使用身分憑據從 Azure 入口網登入,再將儲存體密鑰複製出來,才能使用這些工具。

## 共用存取簽章的符記

共用存取簽章(SAS)符記僅具備儲存體帳戶裡的物件子集之權限,例如,用來啟用 OneDrive、SharePoint Online、Office 365、Dropbox 和類似服務的「檔案分享」選項。

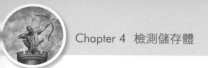

Azure 的 SAS 符記被編入指向儲存體的 URL 中，此 URL 有一長串參數，包括以 base64 編碼的獨特密鑰之 SHA256 雜湊值，如下所示：

*https://storagerm.blob.core.windows.net/container/file.txt?st=2017-04-09T01%3A00%3A00Z&se=2017-04-20T01%3A00%3A00Z&sp=r&sip=127.0.0.1-127.0.0.100&sig=7%2BwycBOdzx8IS4zhMcKNw7AHvnZlYwk8wXIqNtLEu4s%3D*

滲透測試人員可能會覺得 SAS 符記不是很有用，不僅是權限範圍侷限在檔案子集，還可能有其他限制（以 sp 參數指定），例如「唯讀」權限（sp=r），甚至只有特定 IP 位址或 IP 範圍（以 sip 參數指定）才有作用，就算取得 SAS 符記，說不定也只能從最初建立符記的電腦才能順利執行，SAS 符記或許還指定起始和結束時間（分別以 st 和 se 參數指定），將符記的生命週期限制在該時段之內。

多數 Azure 工具都不支援 SAS 符記，也就是說，SAS 符記只能透過 Web 瀏覽器使用，但這還算好，更甚者，若因某種方式找到這些符記的快取，必須花費寶貴時間逐一測試，才能找到合用的符記。如果無法採擷到前面所提的兩種憑據類型，那麼找到 SAS 符記總比完全沒有權限好。

---

## 防護小訣竅

有關如何選擇正確的儲存體身分驗證機制、常見陷阱、可能的防範措施及如何復原被入侵的身分憑據等議題，微軟提供了一份詳細指引，請參閱：

*https://docs.microsoft.com/zh-tw/azure/storage/storage-security-guide*。

# 到哪裡查找儲存體的身分憑據

現在已了解要查找的身分憑據之類型，接著來檢查它們最常出現蹤影的地方：源碼和儲存體管理工具。要調查源碼，需要存取開發人員的機器或源碼管理系統（源碼貯庫）；要從儲存體管理工具中取出密鑰，需要找到這些工具的安裝位置，通常是在開發人員的工作站上，只要能存取這些機器，就可以開始尋找密鑰。

## 從源碼查找密鑰

尋找儲存體密鑰的最直接方法是從使用 Azure 儲存體的應用程式之源碼下手，從 Azure 的網站到客戶的業務應用系統，通常會在組態檔中利用密碼建立雲端儲存資料的途徑，有多種方法可從源碼中快速找到儲存體密鑰，但實際應用的方法與找到的程式碼類型有關。

微軟提供 .NET（C ＃ 及 VB.net）和 Java 的類別庫，可輕鬆存取儲存體和其他 Azure 功能，對於用在 Azure 儲存體身分驗證的函式，這些類別庫是使用相同的函式名稱，搜尋 StorageCredentials 類別的執行個體（Instance），就可能找到應用程式使用儲存體密鑰的位置，如果無效，請試著搜尋類別庫的全名，例如 .NET 中的 *Microsoft.WindowsAzure.Storage.Auth* 或 Java 中 的 *com.microsoft.azure.storage.StorageCredentials*。

如果懷疑某個儲存體的執行個體可能使用 SAS 符記，請在源碼貯庫裡搜尋 .core.windows.net，所有 SAS 符記的 URL 都使用此網域，SAS 符記的 base64 特徵應該可以很容易和其他使用 windows.net 網域的資料做區別。

許多程式碼基料（code base）將儲存體帳戶的密鑰放入組態檔中，尤其是與 ASP.NET 和 Azure 網站搭配使用時，ASP.NET 和 Azure 網站以 web.config 檔做為組態檔，而其他網站通常使用 app.config 檔。組態檔中的儲存體帳戶密鑰常被標記為 StorageAccountKey、StorageServiceKeys 或 StorageConnectionString（此名稱常出現在微軟的範例程式中）。

可以掃描 *azure-storage.common.js* 來判斷 JavaScript 檔裡使用 Azure 儲存體的情形，如果發現程式碼裡有使用到此腳本，就再查找 *AzureStorage.createBlobService*，我們需要透過它向 Azure 進行身分驗證，此 JavaScript 程式庫同時支援儲存體密鑰和 SAS 符記的身分驗證機制，但因為使用者能夠看到 JavaScript 的內容，筆者極力建議 JavaScript 要使用受高度限制的 SAS 符記。

## 從開發人員的儲存體管理工具取得密鑰

如果源碼中找不到儲存體密鑰，或許可以從開發人員用來傳送檔案到 Azure 的工具裡找到它們，要查找儲存體密鑰，首先須要能存取開發人員的工作站，接著再尋找 Azure 儲存體的管理程式，一旦找到管理程式，查看它是否會從使用者界面洩漏已保存的密鑰，或者以不安全的方式儲存密鑰。

本節將介紹常用於管理儲存體帳戶的工具，看看它們是否存在上述問題。

---

## 防護小訣竅

請注意，接下來要討論的工具，只有微軟的 Azure 儲存體總管能讓攻擊者難以取得密鑰，如果一定要使用工具來管理 Azure 儲存體，並且會在系統上暫存身分憑據，則微軟的 Azure 儲存體總管會是比較安全的選擇。

---

## 從微軟 Azure 儲存體總管取得密鑰

Azure 儲存體總管（Storage Explorer）設計得很不錯，顯然，保護儲存體密鑰是它的目標之一，一旦將密鑰保存在此工具，就沒有顯示密鑰的選項，並且加密後的密鑰是儲存在 Windows 認證管理員（Credential Manager）中，要直接從那裡取得密鑰是有相當難度的。

儘管有這些安全特性，但還不到絕望時刻，因為 Azure 儲存體總管需要將密鑰解密，才能在傳輸資料時將它們提供給 Azure 的 API。我們使用儲存體總管內建的除錯器，在剛完成密鑰解密的程式碼設下中斷點，直接從記憶體查看解密後的儲存體密鑰。

請依下列步驟執行此項測試：

1. 在開發人員的工作站上啟動 Azure 儲存體總管。

2. 選擇「**Help ▸ Toggle Developer Tools**」，應該會看到除錯器界面。

3. 在除錯視窗點擊螢幕頂部的 Sources 功能表，再點擊有垂直三點
（ ⋮ ）的按鈕，從出現的功能選單中選擇「Open file」，如圖 4-1
所示。

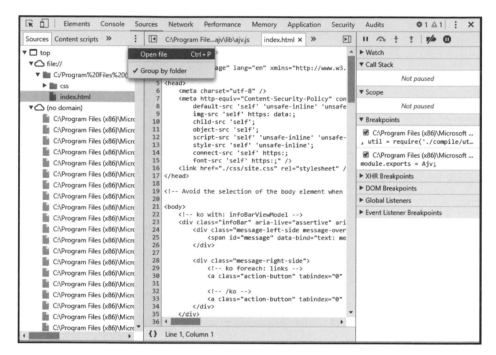

**圖 4-1**：Azure 儲存體總管的除錯器視窗

4. 在出現的檔案清單對話框中輸入 AzureStorageUtilities.js，然後點
擊第一條項目載入 AzureStorageUtilities.js 檔，此檔案裡有載入儲
存體帳戶密鑰的程式。

5. 將除錯器的視窗放到最大，方便閱讀程式碼，然後從程式碼中尋
找如清單 4-1 所示的 loadStorageAccounts(host, key) 函式。

清單 *4-1*：從 *Azure* 儲存體總管找到的
**loadStorageAccounts()** 函式之程式片段

```
/**
 * Load the stored storage accounts:
 * Get account data from localStorage
 * Combine session key and account data as user account manager key
 * to get account key stored there.
 * @param host
 * @param key
 */
function loadStorageAccounts(host, key) {
    -- 部分內容省略 --
                switch (account.connectionType) {
                    case 1 /* sasAttachedAccount */:
                        account.connectionString = confidentialData;
                        break;
                    case 3 /* key */:
                        account.accountKey = confidentialData;
                        break;
                    default:
                        // For backward compatibility reasons if the
                        // connection type is not set
                        // we assume it is a key
                        account.accountKey = confidentialData;
                }
            return account;
        });
        return storageAccounts;
    });
}
```

6. 於此函式中，在準備將帳戶資訊回傳給應用程式的「return account;」指令之列號上點擊滑鼠，於此列程式碼設下中斷點，請參考圖 4-2 左側的視窗。

7. 現在，請從帳戶清單上面點擊「Refresh All」，觸發應用程式重
新載入帳戶資訊，除錯器應該會在中斷點處暫停執行。從右側視
窗找到「account: Object」變數（如圖 4-2 右側所示），然後點擊
「account」左邊的箭頭將其展開。

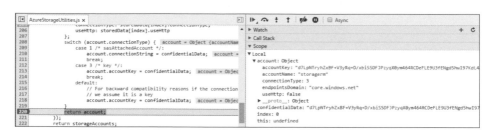

**圖 4-2**：在除錯器中展開的 account 物件

此 account 物件應該會列出儲存體總管裡註冊的第一組儲存體帳戶之
accountKey 和 accountName。要查看是否有多組帳戶，請按 F8 繼續執
行，如果有多組儲存體帳戶，則除錯器每遇到一組帳戶，程式就會再
次中斷，並以新的帳戶資訊更新 account 物件。繼續按 F8，直到找出
每組儲存體帳戶的連線資訊。

顯示完最後一組儲存體帳戶的資訊後，再按一次 F8 鍵，函式返
回應用程式，恢復為正常操作，然後在程式碼右側的 Breakpoints
（中斷點）清單內點擊滑鼠右鍵，從彈出選單中選擇「**Remove All
Breakpoints**」即可清除所有中斷點，再從 Azure 儲存體總管的功能表
選擇「**Help ▸ Toggle Developer Tools**」關閉除錯器，最後，結束應用
程式。

# 從 Redgate 的 Azure Explorer 取得密鑰

有兩種方式可以從 Redgate 的 Azure Explorer 取得它所保管的密鑰，其一，利用連線編輯對話框；其二，利用與每組帳戶相關的「複製」選項。要查看帳戶的密鑰，請啟動 Redgate 的 Azure Explorer，開啟該帳戶，然後以滑鼠右鍵點擊該帳戶，以便取得更深入的細節，如圖 4-3 所示。

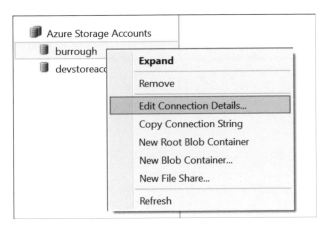

**圖 4-3**：Redgate 的儲存體帳戶之功能選單

「Edit Connection Details」選項會開啟類似圖 4-4 的對話框，可以用來更新和儲存體帳戶相關的密鑰，透過此對話框可以方便看到明文形式的當前密鑰。

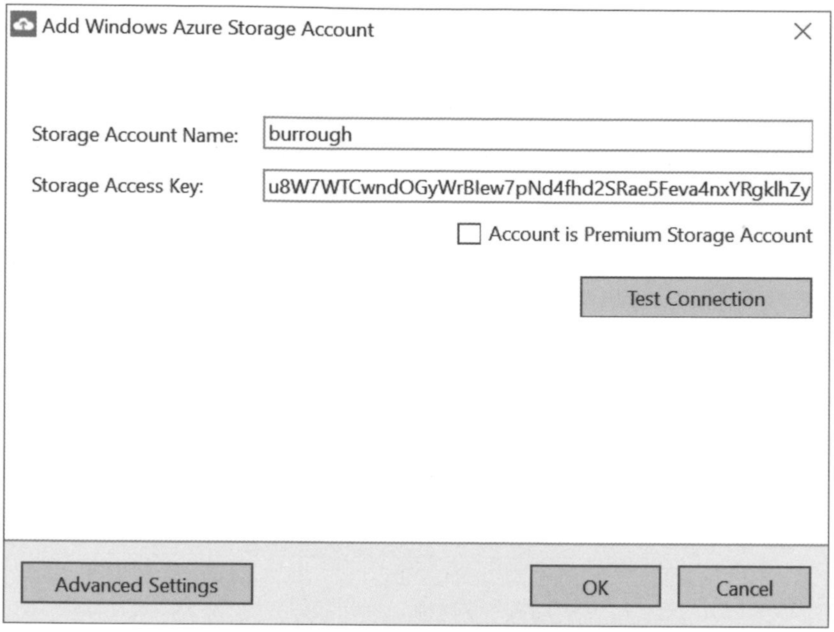

圖 **4-4**：Redgate Azure Explorer 裡的儲存體帳戶密鑰

「Copy Connection String」選項也是我們感興趣的地方，可以利用它以 SQL 連接字串格式將密鑰複製到剪貼簿，這裡頭包含密鑰和帳戶名稱，還可得知是否應該使用 SSL 或未加密方式連線到儲存體帳戶。透過此選項可取得帳戶所必要的連線資訊，再將它們複製 - 貼上小小的文字檔中。如有多組帳戶，就對清單中的每組帳戶重複此項操作。

> **NOTE**
>
> Redgate 是將加密後的儲存體密鑰記錄在 Azure Explorer 的組態檔「%UserProfile %\AppData\Local\Red Gate\Azure Explorer\Settings.xml」裡，必須要透過 Azure Explorer 取回密鑰，無法直接利用 XML 檔的內容來取得密鑰。

## 從 ClumsyLeaf 的 CloudXplorer 取得密鑰

ClumsyLeaf Software 生產三套操作雲端儲存機制的產品：CloudXplorer、TableXplorer 和 AzureXplorer，這些工具不僅可以管理 Azure 儲存體，還可以管理其他供應商（如亞馬遜和 Google）的儲存服務。

CloudXplorer 可以操作*檔案儲存體*和 *blob 儲存體*；TableXplorer 為*表格儲存體存*提供類似 SQL 的操作界面；AzureXplorer 是 Visual Studio 擴充套件，讓開發過程中更輕鬆操作雲端內容。

可以利用滑鼠右鍵點擊 CloudXplorer 左邊窗格的儲存體帳戶，選擇「**Properties**」查看和編輯 CloudXplorer 裡所儲存的密鑰，如圖 4-5 所示。

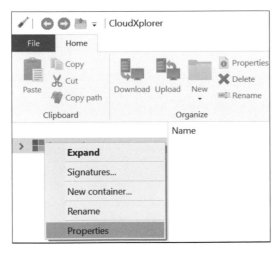

**圖 4-5**：CloudXplorer 裡的儲存體帳戶彈出式選單

在「Account」視窗（見圖 4-6）顯示正在使用的 Azure 執行個體以及
是否啟用 SSL，我們可以從這裡複製儲存體帳戶的名稱和密鑰。

Azure Blobs account                                                    ✕

┌─ Account ─────────────────────────────────────────────────────┐
│  ◉ Provide account name and key                                │
│                                                                │
│     Name:         │ burrough                          │        │
│                                                                │
│     Secret Key:   │ u8W7WTCwndOGyWrBIew7pNd4fhd2SRae5 │        │
│                                                                │
│     Endpoint:     │ General (*.core.windows.net)    ∨ │        │
│                                                                │
│     ☑ Use SSL/TLS        ☐ Use secondary endpoint              │
│                                                                │
│  ◯ Provide shared access URI                                   │
│                                                                │
│     │                                              │           │
└────────────────────────────────────────────────────────────────┘

Custom domain (optional):
│                                              │

Display name (optional):
│                                              │

Group name (optional):
│                                            ∨ │

☐ Read-only
                          │   OK   │   │ Cancel │

圖 **4-6**：CloudXplorer 裡的儲存體帳戶資訊

**NOTE**

CloudXplorer 的「Configuration ▸ Export」選項可匯出所有儲存體帳
戶的連線資訊細節，只是都被加密，讀者可能會覺得實用性不高。

就和 Redgate 一樣，ClumsyLeaf 也是將加密後的帳戶資訊記錄在 XML 檔中，可以在 *%AppData%\ClumsyLeaf Software\CloudXplorer\accounts. xml* 找到它。

## 從 ClumsyLeaf 的 TableXplorer 取得密鑰

要使用 TableXplorer 查看儲存體帳戶，請點擊「Manage Accounts」（管理帳戶）開啟 Manage Accounts 視窗，如圖 4-7 所示。

**圖 4-7**：TableXplorer 的「Manage Accounts」按鈕

「Manage Accounts」視窗應該會顯示每組帳戶，如圖 4-8 所示，Azure 儲存體帳戶會有 Windows 圖示，而 Amazon 帳戶則為橙色立方體圖示。選取帳戶名稱後，點擊「Edit...」鈕。

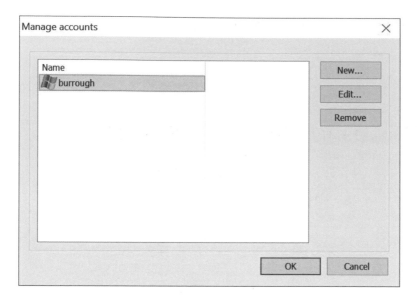

**圖 4-8**：TableXplorer 的帳戶清單

「Edit」（編輯）視窗看起來類似前面圖 4-6 顯示的 CloudXplorer 視窗，TableXplorer 也是將加密後的密鑰記錄在 *%AppData%\ClumsyLeaf Software\TableXplorer\accounts.xml* 的組態檔裡。

## 從 Azure Storage Explorer6 獲取密鑰

Azure Storage Explorer 6 可能是這些工具之中最古老的一支，雖然已不再維護，但它已存在多年，未來幾年內，開發人員的系統或許仍能發現它的蹤影。

要利用 Azure Storage Explorer 6 查看儲存體帳戶的設定，請按照下列步驟操作：

1. 啟動此工具，然後從下拉選單中選擇一組帳戶。

2. 選定帳戶後，點選「**Storage Account ▸ View Connection String**」，
   如圖 4-9。

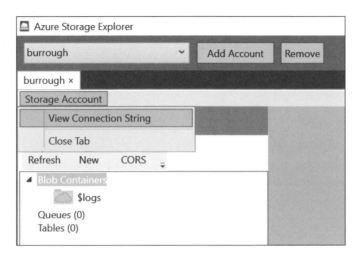

**圖 4-9**：Azure Storage Explorer 6 裡的
「Storage Account」功能選單

3. 應該會看到彈出的訊息框，裡頭顯示 SQL 連線字串格式的帳戶密
   鑰，如圖 4-10 所示，點擊「OK」（確定）將它的值複製到剪貼簿。

**圖 4-10**：Azure Storage Explorer 6 中的儲存體帳戶連線字串

在 Azure Storage Explorer 6 之 前， 未 加 密 的 身 分 憑 據 是 儲 存在 *%AppData%\AzureStorageExplorer\AzureStorageExplorer.config* 中，不管何時，只要懷疑某台機器是使用這些版本的工具管理儲存體帳戶，就值得去查找這個檔案。從第 6 版開始，已使用加密方式儲存身分憑據，並移至 *%AppData%\Neudesic\AzureStorageExplorer\< 版號 >\AzureStorageExplorer6.dt1*，不過，因為 Azure 儲存體總管是開源軟體，而且每次安裝都使用相同的加密金鑰，很容易在網路上找到用來「保護」這些檔案的加密金鑰及加解密所用的程式碼，雖然，利用此工具的 GUI 就能輕易取得儲存體密鑰，但如果無法在目標系統上執行此工具，至少還另一條路可以選擇。

# 儲存體的類型

一旦可以存取儲存體帳戶，接著就來尋找能夠取得的資料類型，首先要確認每個帳戶使用哪些儲存類型（blob、表格、佇列及 / 或檔案），請記住，每個帳戶可以使用多種類型，一定要檢查帳戶使用的每種儲存類型。

## 判斷使用中的儲存體類型

雖然可以使用 Azure 入口網檢查儲存體帳戶的內容，但滲透測試人員使用這種方法會碰到幾個難題，首先，帳戶可能只有**管理憑證**，無法直接從入口網進行存取；再者，入口網不會在同一張網頁顯示所有儲存體類型的摘要資訊，必須逐一點擊每個帳戶、再點擊該帳戶的每一個 Blob、然後再點擊檔案按鈕，一直重複這些點擊動作。當訂用帳戶有許多儲存體帳戶時，此過程會耗掉不少時間。

要判斷使用中儲存體類型的最佳方法是透過 PowerShell，例如使用清單 4-2 的 PowerShell 腳本枚舉訂用帳戶的所有儲存體帳戶、檢查每個儲存類型的內容，然後輸出找到的內容摘要。

清單 *4-2*：利用 *PowerShell* 腳本列出儲存體帳戶的使用情形

```
# ASM 型的儲存體帳戶
Write-Output ">>> ASM <<<"
❶ $storage = Get-AzureStorageAccount
foreach($account in $storage)
{
    $accountName = $account.StorageAccountName
    Write-Output "======= ASM Storage Account: $accountName ======="
❷ $key = Get-AzureStorageKey -StorageAccountName $accountName
❸ $context = New-AzureStorageContext -StorageAccountName `
        $accountName -StorageAccountKey $key.Primary
❹ $containers = Get-AzureStorageContainer -Context $context
    foreach($container in $containers)
    {
        Write-Output "----- Blobs in Container: $($container.Name) -----"
      ❺ Get-AzureStorageBlob -Context $context -Container $container.Name |
            format-table Name, Length, ContentType, LastModified -auto
    }
    Write-Output "----- Tables -----"
❻ Get-AzureStorageTable -Context $context | format-table Name -auto
    Write-Output "----- Queues -----"
❼ Get-AzureStorageQueue -Context $context |
        format-table Name, Uri, ApproximateMessageCount -auto
❽ $shares = Get-AzureStorageShare -Context $context
    foreach($share in $shares)
    {
        Write-Output "----- Files in Share : $($share.Name) -----"
      ❾ Get-AzureStorageFile -Context $context -ShareName $share.Name |
            format-table Name, @{label='Size';e={$_.Properties.Length}} -auto
    }
    Write-Output ""
}
Write-Output ""
```

```
# ARM 型的儲存體帳戶
Write-Output ">>> ARM <<<"
$storage = Get-AzureRmStorageAccount
foreach($account in $storage)
{
    $accountName = $account.StorageAccountName
    Write-Output "======= ARM Storage Account: $accountName ======="
    $key = Get-AzureRmStorageAccountKey -StorageAccountName `
        $accountName -ResourceGroupName $account.ResourceGroupName
    $context = New-AzureStorageContext -StorageAccountName `
        $accountName -StorageAccountKey $key[0].Value
    $containers = Get-AzureStorageContainer -Context $context
    foreach($container in $containers)
    {
        Write-Output "----- Blobs in Container: $($container.Name) -----"
        Get-AzureStorageBlob -Context $context -Container $container.Name |
            format-table Name, Length, ContentType, LastModified -auto
    }
    Write-Output "----- Tables -----"
    Get-AzureStorageTable -Context $context | format-table Name -auto
    Write-Output "----- Queues -----"
    Get-AzureStorageQueue -Context $context |
        format-table Name, Uri, ApproximateMessageCount -auto
    $shares = Get-AzureStorageShare -Context $context
    foreach($share in $shares)
    {
        Write-Output "----- Files in Share : $($share.Name) -----"
        Get-AzureStorageFile -Context $context -ShareName $share.Name |
            format-table Name, @{label='Size';e={$_.Properties.Length}} -auto
    }
    Write-Output ""
}
```

此腳本分成兩個部分：先搜尋 ASM 型儲存體帳戶，再搜尋 ARM 型。

首先取得訂用帳戶的所有 ASM 型儲存體帳戶清單 ❶，接著採擷每個儲存體帳戶的密鑰 ❷，然後為此儲存體帳戶建立一個 PowerShell 物件：context ❸，其中包含儲存體帳戶的名稱和密鑰，以供後續存取儲存體帳戶時使用。

接著，腳本開始檢查不同的儲存類型（後續小節會介紹），直到完成所有程序才會接著處理 ARM 儲存體帳戶。

# 存取 Blob

在 Azure 中，Blob 是最基本的儲存形式，它是一個非結構化的 bit 集合，應用程式可以無限制地使用它們，Blob 最常用於儲存 Azure 虛擬機的虛擬硬碟檔。

在 Azure 中可發現三種 Blob：分頁（page）、附加（append）和區塊（block）。身為滲透測試人員，了解各種 Blob 的主要用途會很有幫助，如此便能適當猜測某個 Blob 的內容，而不必實際下載檔案。以筆者從事資安評估的經驗，花幾個小時下載一支數 GB 的檔案，最後卻發現內容與預期不符，真會令人感到無比沮喪。

- **分頁 blob**：由許多 Byte 集合所組成，稱為**分頁**，每一分頁有 512Byte，分頁 blob 本身最大可達 1TB。在建立此類型的 blob 時必須設定最大空間，因此，分頁 blob 檔很可能非常大，卻只儲存一小部分資料，其餘空間都閒置。因為分頁 blob 在隨機讀 / 寫上非常有效率，所以硬碟映像檔會使用分頁 blob 類型儲存。

- **附加 blob**：對新增資料的動作進行優化，但禁止更改 blob 中現有資料，它大小可達 195GB，非常適合用來儲存日誌文件，如果打算尋找其他可能與本次評估作業有關的使用者帳號、IP 位址或伺服器，日誌檔應該會是重要目標。但如果是想修改日誌內容、刪除操作軌跡，附加 blob 可不允許這樣做。

- **區塊 blob**：是儲存體的預設類型，由一個或多個 Byte 區塊組成，可以根據需要增長，它用於儲存其他類型的非結構化資料。每個 Byte 區塊可達 100MB，一個區塊 blob 最多可以放置 50,000 個 Byte 區塊。

Azure 要求使用者將所有 Blob 放在一個容器（container）內，該容器類似於檔案目錄，但不能嵌套，也就是說，容器可以容納 Blob，但不能再容納其他容器。每個儲存體帳戶可以擁有無限量的容器，每個容器中可以包含任意數量的 Blob。

清單 4-2 的腳本在 ❹ 處，使用 Get-AzureStorageContainer 命令取得所有 Blob 容器的清單，然後使用 Get-AzureStorageBlob 以表格形式輸出容器的資訊，每一列是一個 Blob ❺。如清單 4-3 所示，此表格包含 Blob 的名稱、大小、資料類型及最近更改日期，從此表格中尋找看似有用的檔案，忽略任何 .status 的檔案和多數的日誌檔，把焦點放在文件、源碼和組態檔上，一旦取得關注的檔案後，再利用任一種 Azure 儲存體管理工具來收集檔案。

## 清單 4-3：*Blob* 相關命令的輸出範例

```
----- Blobs in Container: vhds -----

Name                            Length     ContentType             LastModified
----                            ------     -----------             ------------
vmtest-vmtest-2019-03-12.vhd    939524096  application/octet-stream 6/18/2019 7:25:26 AM +00:00
vmtest.vmtest.vmtest.status     468        application/octet-stream 6/18/2019 7:25:11 AM +00:00
```

要查看 Blob 的內容，微軟的 Azure 儲存體總管可能是滲透測試人員的首選，它是免費的、能正確地揭露所有類型 Blob，並且能夠開啟 ASM 型和 ARM 型儲存體，也許最重要的是，它可以使用不同的身分驗證方式存取儲存體帳戶，包括：

- 共用存取簽章（SAS）符記

- SQL 連線字串格式的儲存體帳戶密鑰

- 儲存體帳戶的名稱和密鑰

- 可以存取訂用帳戶的使用者帳號和密碼

以帳號和密碼登入的特性尤其好用，因為使用者可以存取的所有訂用帳戶，此工具都能讀取裡頭的儲存體帳戶，還可以增加多組使用者帳號，這樣就能同時檢視每組帳號裡的檔案。

將所有儲存體帳戶加到微軟 Azure 儲存體總管後，展開某個儲存體帳戶的 Blob 儲存體項目，然後瀏覽容器清單，從裡頭選擇感興趣的檔案，點擊「**Download**」（下載）鈕就能取得檔案複本，如圖 4-11 所示。

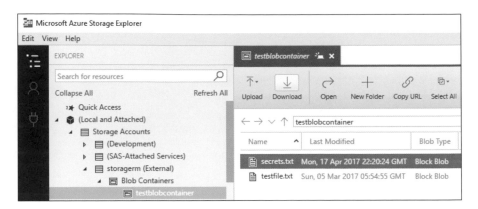

**圖 4-11**：用微軟的 Azure 儲存體總管下載 Blob 裡的檔案

取得檔案之後，務必查看它們裡頭有沒有其他身分憑據，筆者發現很多秘密都藏在 Azure 儲存體，這裡是借道取得其他系統或服務的進場門票之絕佳地方，以便更深入測試目標環境。

---

## 防護小訣竅

由於存取密鑰具有多人共用、難以釐清責任歸屬的性質，Azure 儲存體的 Blob 並非儲存未加密資料之理想處所，機密資料還是應保存在其他地方，或者，資料至少要加密，且加密用的金鑰須保管在別的地方。Azure 的金鑰保存庫（Key Vault）雖然無法完全免受攻擊，但對於儲存機密來說是更好的選擇，這一部分將在第 7 章討論。

---

# 存取表格

表格儲存體提供 Azure 中表格形式的資料之儲存空間,非常適合保存半結構化資料,當作 Web 服務日誌或網站內容的資料庫,也是 SQL Server 等資源密集、成本較高的資料庫之替代品。

清單 4-2 使用 Get-AzureStorageTable 命令 ❻,從所指定的儲存體背景資料(context)取得所有表格名稱(如清單 4-4),還可以使用另一支針對表格的 Get-AzureStorageTableStoredAccessPolicy 命令顯示表格的特殊權限,筆者鮮少發現表格會套用存取原則,故一般都會略過檢查它的特殊權限。

*清單 4-4:Get-AzureStorageTable 命令的輸出*

```
----- Tables -----

Name
----
TestTable
TransactionAudits
SchemasTable
```

如果 PowerShell 受到限制,就只好選擇其他工具來存取表格的資料。選擇正確的工具很簡單,因為可選的對象並不多,主要有微軟的 Azure 儲存體總管和 ClumsyLeaf 的 TableXplorer,雖然 TableXplorer 不是免費軟體,但以這裡的情況,筆者還是比較中意它,因為速度快、能匯出資料又具備查詢功能,如圖 4-12 所示,它使用普通的 SQL 查詢語法,具備 SQL 背景的人都能輕鬆找出資料。雖然 Azure 儲存體總管也具有查詢功能,但不是使用 SQL 語法,執行效率也比 TableXplorer 差。

在 TableXplorer 裡可能會發現許多表格的名稱是以「$Metrics」開頭，在使用 PowerShell 腳本時並沒有發現，這些是 Azure 自動產生及用來保管儲存體帳戶所在的資訊，名稱開頭的錢號（$）代表它是隱藏的，因此 PowerShell 腳本不會枚舉。

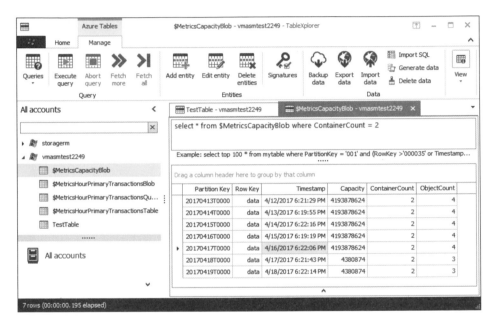

**圖 4-12**：在 TableXplorer 以 SQL 語法查詢 Azure 表格

這些 Metric 用來追蹤已儲存的 blobs 總數及計算相關交易（如新增或刪除資料）的花費，對攻擊者而言，這些檔案的價值不高，除非他們想查看特定儲存體帳戶所執行的動作之日誌資料，但很遺憾，這些日誌無法被刪除，因為 Metric 資料表是唯讀的。

# 存取佇列

Azure 儲存體的佇列是待處理交易的暫存區,在有資源可用時,會按順序處理,主要是軟體開發人員在使用佇列,除了開發人員,其他人幾乎不會在意資料是不是要按順序處理。

以筆者的滲透測試經歷,曾經發現無聊的佇列,它時常都是空著,等待大量工作進來,而收到任務之後,一下子又洩光了。但是在看過最美麗又可怕的佇列應用場景時,我的看法改變了:將未簽章的命令發送到伺服器執行。許多安全研究人員花幾個星期、甚至幾個月的時間來尋找軟體漏洞及發動**遠端程式碼執行攻擊**,以便在另一部電腦上執行攻擊者控制下的程式碼,但這裡的佇列應用並不是程式的漏洞,而是故意設計的功能!

儘管這個例子是一種極端情況,但如果開發人員不夠小心,佇列確實會造就這種行為,開發人員通常將它們當成某些客製化程式(如訂單處理系統)的輸入,應用程式的開發人員可能認為佇列只包含另一套受信任系統的工作項目,例如自家網站的訂單頁面,因此開發人員忽略了檢查工作內容,攻擊者可以將自定義的訊息注入佇列中,而處理這些工作項目的服務無法正確識別訊息中的資料是否合理,如果裡頭恰好是待售商品的價格,銀行帳戶會發送付款通知,或者電腦會啟動處理此請求的系統命令,則攻擊者就會發現嚴重的系統漏洞。

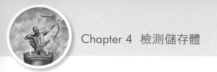

> ## 防護小訣竅
>
> 如果使用佇列傳輸機密資料或發送來自於已經驗證來源之命令，在放入佇列之前應該以非對稱加密技術進行加密或簽章，之後，接收方再解密或驗證簽章，確保資料或命令的真實性，且無遭篡改之虞。

佇列也常被開發人員當作後端服務，用以簡化應用程式之間的通信，它們有良好的 API 支援，在不客製程式的情況下，與它們進行互動是有限的。PowerShell 只有兩支與顯示佇列訊息有關的命令，一支是清單 4-2 腳本 ❼ 處的 Get-AzureStorageQueue，用來枚舉佇列及目前訊息的計數（如清單 4-5）。第二支是 Get-AzureStorageQueueStoredAccessPolicy，用於查看 SAS 符記權限和限制，用到的機會較少。PowerShell 沒有用來建立或查看佇列訊息內容的命令。

清單 *4-5*：*Get-AzureStorageQueue* 命令的輸出

```
----- Queues -----

Name      Uri                                                    ApproximateMessageCount
----      ---                                                    -----------------------
testqueue https://storeasm.queue.core.windows.net/testqueue                            0
```

要實際查看並將訊息插入佇列，必須再次回到 Azure 儲存體總管，從它的使用界面中選擇一組儲存體帳戶，展開帳戶下的「Queues」清單，然後選擇一個佇列，將會開啟一個顯示當前佇列訊息的窗格，可以在這裡查看訊息內容或插入新的訊息,筆者建議仔細檢查既有的訊息,以便在嘗試插入自製的訊息之前了解訊息的有效格式,如果佇列是空的,只能嘗試尋找處理此訊息的應用程式之源碼,藉以查看它所能接受的內容。

---

**WARNING**

與其他程式語言的佇列資料結構一樣,Azure 佇列有兩個與查看訊息相關的功能,可以使用 PeekMessage 查看佇列中的下一則訊息,而不去更改或刪除它;另外,GetMessage 是實際從佇列中取得內容,並對其他使用此佇列的應用程式隱藏此則訊息,如果是使用 Azure 儲存體總管就不必擔心這一點,如果是自行開發應用程式來窺探佇列,則呼叫 GetMessage 可能會干擾 Azure 處理來自佇列的合法請求,因此,在使用這些 API 之前,請確保真正了解它們的功用!

---

# 存取檔案

Azure 儲存體的最新成員稱為 Azure 檔案服務,是一種雲端版的 SMB 檔案共享服務,允許使用者建立分享目錄,並在裡頭存放檔案,就像公司內部使用的檔案伺服器一般,想將依賴 SMB 分享檔案的傳統應用程式遷移到 Azure,這項服務非就很有幫助,Azure 檔案服務支援應用程式使用 SMB 2.1 或 SMB 3.0 協定連線。

雖然 Azure 檔案服務的目的是想要直接取代公司現有的檔案伺服器,不過,還是存在一些限制,首先,連接此服務的使用者端必須能夠存取原生的 SMB 端口:TCP 445,聽起來不是什麼大問題,然而一般公司認為檔案分享屬於內部資源應用,因此禁止對外使用 TCP 445 流量。

與傳統 Windows 檔案伺服器相比,最大區別在於 Azure 檔案服務缺少使用者帳號和權限管制,普通的 SMB 檔案分享,可以為任何使用者或群組指定目錄的**讀取**、**修改**和**完全控制**權限,甚至可以針對共享目錄中的檔案設定系統層級的權限,以進一步限制使用權。

Azure 檔案服務則不同,按照設計,它只與一位使用者分享,而且無進一步設定,此共享檔案的使用者為「**AZURE\ 儲存體帳戶的名稱**」,密碼則為該儲存體帳戶的**主要密鑰**,再次突顯保護儲存體帳戶密鑰免受未授權者取得的重要性。要取得名為 mysa 儲存體帳戶之 myshare 分享檔案的完全存取權,可以從 Windows 命令提示字元視窗執行下列命令:

```
net use * \\mysa.file.core.windows.net\myshare /u:AZURE\mysa Primary_Key
```

> **NOTE**
>
> 只有支援 SMB 3.0 的 Windows 機器才能從遠端連線 Azure 檔案服務,因為 Linux 和 Windows 8 之前版本並不支援加密的 SMB 連線。Linux 和較舊的 Windows 版要連線到 Azure 檔案服務,只能以虛擬機形式在 Azure 檔案服務相同區域運行,才能辦得到。

要枚舉共享資料夾,請使用清單 4-2 所示的 Get-AzureStorageShare 命令 ❽,對於每個資料夾,再使用 Get-AzureStorageFile 列出裡頭的檔案清單,清單 4-2 的 ❾ 處,利用管線將 Get-AzureStorageFile 的輸出傳遞給 format-table 命令(還帶一些不怎麼容易閱讀的參數),以便逐一顯示每支檔案的名稱及大小(以 Byte 為單位),由於檔案大小埋藏在每支檔案物件的 Length 屬性中，因此需要使用 PowerShell 的雜湊式來呈現，-auto 選項會自動調整列表的寬度。輸出結果如清單 4-6 所示。

清單 4-6：檔案命令的輸出結果

```
----- Files in Share : asmshare -----

Name          Size
----          ----
testfile.txt  33
```

除了使用 PowerShell 和 Windows 的內建 SMB 連線功能外，還可以利用 Azure 儲存體總管查看 Azure 檔案（參見圖 4-13）。

**圖 4-13**：利用 Azure 儲存體總管存取 Azure 檔案

針對 Azure 檔案，Azure 儲存體總管的功能並沒有比 PowerShell 或 Windows SMB 來得多，但它使用 Azure 的 API 存取檔案，而不是使用 SMB 協定直接連線，因此避開了防火牆阻擋 TCP 445 的問題，它還有一個標記為「ConnectVM」的方便按鈕，可以自動建立及顯示連線 SMB 的正確格式之「net use」命令，方便用於 Windows 連接到共享資料夾。

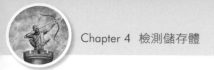

# 結語

本章討論了 Azure 儲存體身分驗證機制的一些設計限制，以及攻擊者可用於存取 Azure 儲存體的不同類型身分憑據：儲存體帳戶密鑰、帳號和密碼及共用存取簽章，另外，還檢視攻擊者經常查找身分憑據的位置，例如程式原始碼、組態檔，以及許多儲存體管理工具的保存區，然後介紹 Azure 的不同類型儲存體，包括 blob、表格、佇列和檔案，以及攻擊者如何存取這些儲存體。透過這些資訊，讀者可以從目標儲存體帳戶裡讀取所有資料，包括一般文件、日誌、硬碟映像和程式原始碼。

下一章將介紹 Azure 儲存體的最大用戶：Azure 虛擬機。

# 瞄準虛擬機

在 Azure 中，每位滲透測試人員幾乎都會遇到大量虛擬機（VM），本章將學到攻擊者利用 Azure 儲存體做為攻擊向量來竊取 Azure VM 的機密及控制它們，只要攻擊者對這些系統有適當存取權限，就能完全控制 VM 上運行的任何服務，並暗地裡收集連接到這些服務的使用者資訊。

為了展示這些情境，首先介紹如何不經由 Azure 入口網來取得 VM 的虛擬硬碟（VHD）映像，獲得 VHD 複本後，筆者將說明如何從中採擷重要資料，最後，再討論如何利用 Azure 入口網的 VM 密碼重設功能。

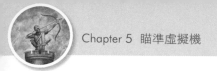

# 維護虛擬機安全的最佳作法

VM 是雲端作業最常見的工作負擔之一，它們允許企業將內部（On-Premise）伺服器快速遷移到雲端平台，雖然 VM 是在有限作業負荷下利用雲端優勢的好方法，但如果沒有充分考慮移動後會遇到的新型威脅，可能會導致安全問題。

最重要的，內部伺服器的管理員通常認為公司在網路邊界部署防火牆和其他安全設備是理所當然的，因此不會在伺服器安全上花太多心思。而預設情況下，雲端託管的 VM 是提供網際網路服務的，每個開放的端口都必須仔細考量，因為每個端口都是潛在的攻擊目標，故只能對外公開必要（最少量）的服務。除了 VM 的主機防火牆外，還可以使用**網路安全性群組**保護不對外公開的端口之存取，另外，可考慮為 VM 提供不公開到網際網路的虛擬網路，做為其他雲端服務存取 VM 資源的管道。

如果將管理服務公開到網際網路（如 RDP 或 SSH），可以要求系統使用者選用不常見的帳號及強密碼、憑證或多重要素身分驗證（MFA）機制，像帳號就不要選用常見的特權名稱，如 administrator、admin 及 root，以便降低**密碼噴灑**（Password spraying）或**暴力破解**攻擊的成功機率，推薦使用密碼管理器，使用者就不會抗拒古怪的帳號和複雜的密碼。

再來，盡可能在 VM 上使用全磁碟加密來保護所儲存的資料，可以如本章「利用 Autopsy 探索 VHD」小節所述防止離線的 VHD 分析，Azure **磁碟加密**（Disk Encryption）是 VHD 加密的便捷方式，它利用金鑰保存庫儲存磁碟的加密金鑰，使用者就不用擔心如何管理金鑰，由於 Azure 磁碟加密是免費服務，不同計價分級的 VM 都可以套用。

最後，啟用 Azure 的 VM 日誌記錄功能，確認與 VM 有關的所有事件都得到監控，使它成為資安團隊（藍隊）的安全日誌分析工具之一員，而使用 Azure 資訊安全中心（ASC）和維運管理套裝軟體（OMS）能夠偵察到更多事件，ASC 監測 VM 是否存在已知威脅，而 OMS 則為有安裝其代理程式的系統提供詳盡日誌。有關 ASC 與 OMS 將在第 8 章介紹。

# 竊取虛擬硬碟並進行分析

因為可以在完全不存取訂用帳戶的情況下取得 Azure 儲存體的身分憑據（如第 4 章所述），攻擊者或許能夠使用儲存體帳戶的密鑰來控制運行中的 VM，為此，攻擊者需要取得 VHD、搜尋儲存在 VHD 中的密碼或憑證，然後使用這些身分憑據存取 VM，首先來看看滲透測試人員如何獲取 VM 的 VHD 複本。

## 下載 VHD 快照

要下載磁碟映像，需要先取得目標 VHD 的儲存體帳戶之密鑰，如果有訂用帳戶權限，可以直接從 Azure 入口網或利用 Azure PowerShell 的 Get-AzureRmStorageAccountKey 命令取得，如果沒有訂用帳戶存取權限，可以利用第 4 章介紹的各種手法取得儲存體帳戶密鑰。在獲得儲存體帳戶的身分憑據後，啟動微軟 Azure 儲存體總管或 ClumsyLeaf

CloudXplorer，這兩個工具能在 Azure 儲存體中建立檔案快照，筆者在此僅展示 Azure 儲存體總管的用法，因為它是免費的。

> **NOTE**
>
> 如果嘗試從 Azure 下載正在使用中的檔案（例如運行中的 VM 使用之 VHD），則下載作業將被中斷，下載的檔案會損壞或不完整，快照 API 會建立一份與目前時間點的內容一致之複本（表示沒有毀損）供我們下載，因為無法判斷 VHD 是否正被使用，最好假設它是使用中，並為它建立快照。

按照下列步驟用 Azure 儲存體總管下載快照：

1. 點擊要複製的 VHD 檔，再點擊工具欄的「**Make Snapshot**」（建立快照）鈕，如圖 5-1 所示。

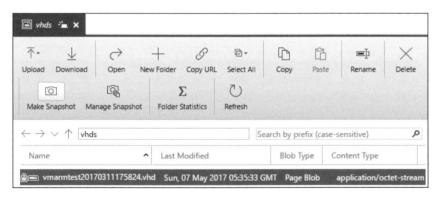

**圖 5-1**：在 Azure 儲存體總管中為 VHD 建立快照

2. 點擊「**Manage Snapshot**」（管理快照）鈕，應該會在檔案清單中看到所選檔案的快照，它們的檔名是以 VHD 的名稱開頭，後面跟著被括號括起來的日期和時間。

3. 選擇一份快照，再點擊工具欄的「**Download**」（下載）就能將快照檔儲存到個人電腦中。

VHD 快照下載完成後，請從儲存體帳戶中刪除快照，不然可能被使用者發現重複的檔案，而且複本還會佔用儲存體帳戶的空間，導致訂用帳戶每月發票上的金額升高，雖然複製一份 VHD 快照檔會耗用一兩個小時的空間租金，但可能會被忽略，若是數百 GB 空間的一整月儲存費用，精明的會計人員應該輕易就會發現。

---

## 防護小訣竅

Azure 儲存體分析日誌會記錄 blob、佇列和表格 Azure 等儲存體的活動，包括成功和失敗的身分驗證、上傳、下載、刪除和快照操作，記得要啟用此日誌記錄，藉由日誌資料檢視有無異常活動存在，相關細節請參閱下列網址：

*https://docs.microsoft.com/zh-tw/rest/api/storageservices/enabling-storage-logging-and-accessing-log-data*，
或使用短網址 *https://goo.gl/XkC8iW*

如果有人使用你的訂用帳戶，帳單可能是非常有用的檢核工具，可以提供警訊徵兆，如果預期每月帳單費用是固定的，某次費用突然大幅變動，就有進行調查必要。或許只是 Azure 租用費率變化的無害因素，但也可能是某人惡意在訂用帳戶中執行其他服務！

要從 Azure 儲存體總管中刪除快照檔,請從檔案清單選擇該快照,然後點擊工具欄「**Delete**」(刪除)鈕,如果在檔案清單中沒有看到任何快照,請先點擊工具欄的「**Manage Snapshot**」(管理快照)鈕。

## 從 VHD 挖掘秘密

一旦個人電腦上有了 VHD 複本,就可以試著從中查找有用資訊,至於要查找哪些檔案,這和 VM 上的作業系統有關,但目標是相同的:就是要找出對滲透測試作業有價值的資訊(例如尚未發布的財報)或可以用來進一步存取目標系統的資訊(如帳號密碼)。

找到使用此 VHD 的 VM 之密碼是非常必要的,只要能取得 VM 的身分憑證,手上的 VHD 似乎就沒有實質價值了,其實找到 VM 的密碼,就可以針對運行中的 VM 進行許多實用操作,這是靜態的 VHD 複本所做不到的,例如在 VM 上執行 Mimikatz 採擷尚未查獲的身分憑據,還可以修改 VM 正在運行的服務,讓信件到達時秘密轉發到別的郵箱,甚至使用它來發送網路釣魚郵件,因為收件者通常較信任來自他們熟知的伺服器之鏈結。沒什麼不可能,就看讀者的想像力。

檢視 VHD 檔案的內容需要數位鑑識的長期練習,這需要檢驗過許多 VHD 累積而來,我們應該沒有時間深入挖掘磁碟裡的每支檔案,且將目光關注於最容易得到成效的關鍵區域上。

# 利用 Autopsy 探索 VHD

在查看 VHD 的內容之前，必須找到一種開啟它的方法，如果讀者是使用 Windows 10 且目標 VM 也是使用 Windows 系統，在 VHD 點擊滑鼠右鍵，再從選單中選擇「**掛接**」（Mount）將此 VHD 掛載成檔案總管上的新虛擬磁碟。如果是使用安裝有 VHD 程式庫的 Linux，應該能夠使用「mount」命令掛載此 VHD，但是筆者喜歡使用像 Autopsy 這種磁碟鑑識工具來探索 VHD，和本機掛載相比，使用磁碟鑑識程式有幾個優點：

- **支援多樣磁碟格式**：Windows 只能掛載 NTFS 和 FAT 格式的磁碟映像，但 Windows 上的鑑識工具可以開啟數十種格式，而 Linux 的鑑識工具處理罕見的磁碟格式之能力，甚至更勝 Linux 本身的格式。

- **有效防禦惡意軟體**：將不可信任的檔案系統直掛載到系統時，可能面臨 VHD 裡的惡意軟體感染個人電腦之風險，使用鑑識工具萃取一些感興趣的特定檔案，可以大大降低風險程度。

- **保護內容的完整性**：鑑識工具的設計目標通常將磁碟映像掛載成「唯讀」模式，可以防止不慎修改或刪除 VHD 裡的檔案，不僅可以防止失誤，也可以避免被懷疑假造滲透測試結果。

- **可救回刪除的檔案**：鑑識工具專門用於重建使用者已刪除但尚未被新資料覆蓋的磁區，有時可能會找到一些非常有趣的檔案，而用個人電腦掛載時是看不到這些檔案的。

筆者首選鑑識工具是免費、開源的 Autopsy（*http://www.sleuthkit. org/*），它支援 Windows、Linux 和 macOS，雖然缺乏付費鑑識工具的進階功能及精緻程度，但已足夠滲透測試使用，也不用支付小眾商業工具的高額費用。

# 匯入 VHD

無論個人電腦或 VHD 的作業系統為何，使用 Autopsy 匯入 VHD 進行檢查的方式說明如下：

1. 啟動 Autopsy，並在歡迎頁上選擇「**Create New Case**」（建立新案件）。

2. 指定案件名稱（使用 VM 的名稱），並選擇一個目錄供 Autopsy 保存鑑識過程的產出，然後點擊「**Next**」（下一步）。

3. 將「Case Number」（案件編號）和「Examiner」（檢測人員）欄位留空，然後點擊「**Finish**」（完成），接著開啟「Add Data Source Wizard」（新增資料來源精靈）。

4. 在「Add Data Source」（新增資料來源）視窗，找到所下載的 VHD 快照檔，選擇它，然後點擊「**Next**」。

5. 在「Configure Ingest Modules」（設定接引模組）畫面（圖 5-2）可以選擇 Autopsy 對 VHD 要執行的後製處理，例如建立搜尋索引和所有圖片的縮圖，完成選擇之後請點擊「**Next**」，然後在下一個畫面點擊「**Finish**」。

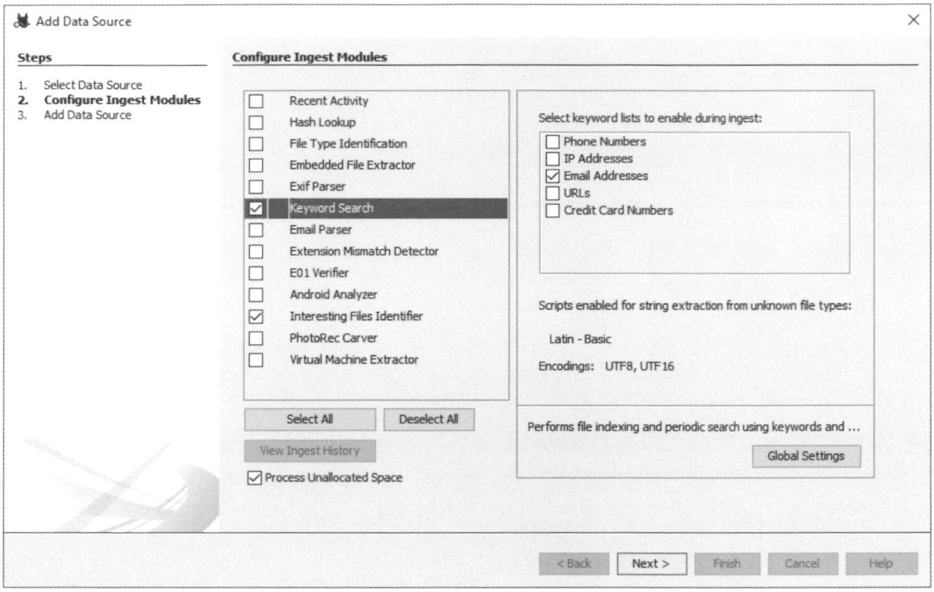

**圖 5-2**：選擇 Autopsy 的接引選項

> **NOTE**
>
> 接引（Ingestion）是數位鑑識軟體用於自動掃描待檢驗的磁碟內容，並找出檢驗員感興趣的項目之過程。Autopsy 提供許多預先配置的接引選項，例如電子郵件、信用卡號碼識別和照片檢索，還支援客製篩選器，檢驗員可依需要自行增加。

到 這 裡，讀 者 應 該 已 進 入 如 圖 5-3 的 Autopsy 主 畫 面，請 雙 擊 Directory Listing（目錄清單）頁籤裡的 VHD 檔案，將會看到 VHD 的分割區，包括虛擬磁碟中尚未配置的分割區。

**圖 5-3**：使用 Autopsy 查看磁碟映像

如果 Autopsy 無法載入 VHD，有可能是 VHD 損毀，應該重新下載；或者 VM 的擁有者啟用 Azure 磁碟加密，如果是這樣就沒辦法了。要確認 VHD 是否啟用磁碟加密，請在 Windows 使用 PowerShell 掛載：

```
PS C:\> Mount-DiskImage -ImagePath C:\temp\file.vhdx -StorageType VHDX
    -Access ReadOnly
```

如果映像檔損毀，PowerShell 會顯示「The file or directory is corrupted and unreadable」（檔案或目錄損毀，無法讀取）的錯誤訊息；如果 VHD 已啟用加密，則會開啟一個新的檔案總管視窗，嘗試顯示 VHD 的內容，但回報該磁碟無法存取。

## 防護小訣竅

Azure 磁碟加密可以加密 Azure 儲存體裡的 VHD 內容，為了達到全磁碟加密，安裝 Windows 的 VM 是使用 BitLocker、Linux 的 VM 是使用 DM-Crypt，只要離開 Azure，此 VHD 的內容就無法被讀取，而 VHD 的加密金鑰是儲存在 Azure 金鑰保存庫（Key Vault）中。注意，要使用 Azure 磁碟加密，必須使用標準層（Standard）或高階層（Premium）的 VM，且以 ARM 為基底，有關 Azure 磁碟加密的細節可參閱：

*https://docs.microsoft.com/zh-tw/azure/security/azure-security-disk-encryption-overview*，或使用短網址 *https://goo.gl/AbPvFk*

當 Autopsy 成功載入 VHD，雙擊已配置中的第一個分割區，應該看到 VHD 裡的檔案清單，如圖 5-4 所示。

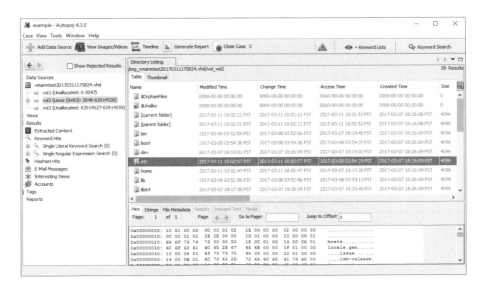

**圖 5-4**：使用 Autopsy 檢驗 VHD

在此畫面中，瀏覽並搜尋感興趣的檔案，可以利用下方的內建十六進制檢視器預覽檔案內容，要深入探索檔案，可選擇該檔案後點擊滑鼠右鍵，再從彈出選單選擇「**Extract File(s)**」（萃取檔案）將它儲存到個人電腦的磁碟上。

現在試試從 Windows 和 Linux 的 VHD 找出一些有趣的檔案。

## 分析 Windows 的 VHD

在分析 VM 磁碟時，筆者會先收集身分憑據，對於 Windows VHD，就先從**安全帳號管理員**（SAM）資料庫下手，它位於 *\Windows\System32\config\SAM*。SAM 會為系統上的所有本機、非網域使用者（如本機管理員）保存密碼雜湊值，Windows 使用名為 Syskey 的加密密鑰來保護 SAM，可以在 *\Windows\System32\config\SYSTEM* 找到此密鑰。

底下是解密 SAM 檔案並取得雜湊值的步驟：

1. 使用 Autopsy 從 VHD 萃取 SYSTEM 和 SAM 的機碼登錄檔到個人電腦上。

2. 啟動 Cain & Abel（可從 *http://www.oxid.it/cain.html* 取得）。

3. 點擊 Cain & Abel 的 **Cracker** 頁籤。

4. 點擊功能表「**File ▸ Add to list**」。

5. 選擇「**Import Hashes from a SAM database**」（從 SAM 資料庫匯入雜湊資料）選項。

6. 點擊 SAM Filename 輸入框旁邊的瀏覽按鈕（…），再選擇已萃取的 SAM 檔案。

7. 點擊 Boot Key 輸入框旁邊的瀏覽按鈕（…），然後選擇已萃取的 SAM 檔案。

8. 在已開啟的 Syskey Decoder 對話框點擊瀏覽按鈕，然後選擇已萃取的 SYSTEM 檔。

9. 選擇畫面出現的啟動金鑰（boot key），並用 Ctrl+C 將它複製下來。

10. 關閉 Syskey Decoder 對話框，然後用 Ctrl+P 將啟動金鑰貼到 Boot Key 輸入框中。

11. 點擊「**Next**」（下一步）

若執行成功，應該會看到系統上每個帳號的雜湊值（如圖 5-5），至於如何處理這些雜湊值，將在本章「密碼雜湊攻擊工具」小節說明，包括 Cain & Abel[譯註 1] 如何透過它們獲取明文密碼。

**圖 5-5**：在 Cain & Abel 看到雜湊值

---

譯註 1　如需 Cain & Abel 的中譯使用手冊，可參考下列網址：*http://atic-tw.blogspot. com/2016/05/cain.html*

除了密碼，在檢驗 VHD 時，筆者也對程式原始碼、組態檔和一般文件感興趣，找到的內容與使用的 VM 及安裝的軟體有關，檢查下列位置（如果存在），或許能夠找到有價值的內容：

- \InetPub 目錄裡頭有網站的原始碼和組態檔（通常是 web.config），這些檔案可能包含密碼和其他機密。

- 在 \Users 資料夾裡的每位使用者家目錄，尤其是他們的 Documents 資料夾裡有關目標環境的規格和部署文件；Desktop 資料夾可能有文件檔、密鑰和備註說明；Downloads 資料夾的內容也可提示此 VM 使用哪些工具；AppData\Roaming 資料夾裡的 Internet Explorer、Firefox 和 Chrome 子目錄會有網頁瀏覽歷史紀錄、Cookie 和被保存的密碼。

- SQL 伺服器使用的目錄。

- 任何 Azure 管理工具使用的目錄。

- 暫存目錄可能會有排程的執行資料、測試腳本，以及其他意想不到的驚喜。

- 包含備份資料的目錄。

此外，對整個 VHD 執行副檔名搜尋，找尋 *.pfx 的憑證私鑰；*.doc、*.docx、*.xls、*.xlsx、*.ppt 和 *.pptx 的 Office 檔案；*.bak 的備份檔；用於註解，有時包含密碼的 *.txt 文字檔。或許也想搜尋密碼管理器使用的檔案，例如 KeePass 的 *.kdx 和 *.kdbx、Password Safe 的 *.psafe3 和 Dashlane 的 *.dash 或 *.dashlane。最後，尋找非屬作業系

統（不在 \Windows 目錄內）的腳本檔，如 *.bat、*.cmd 和 *.ps1，並檢視它們的用途。

# 分析 Linux 的 VHD

要從 Linux VHD 讀取密碼雜湊，請匯出 /etc/passwd 和 /etc/shadow 兩支檔案，以便取得使用者的帳號及密碼雜湊清單。另一個不錯的地方是複製 /etc/group 和 /etc/gshadow 用以判斷使用者帳號擁有哪些群組及權限。

/etc/samba、/etc/ssl 和 /etc/ssh 目錄應會有系統使用的組態檔和憑證；/etc/hostname 包含此 VM 的名稱；/etc/fstab 可列出掛載在此 VM 上的其他磁碟；/etc/hosts 可能有與此 VM 互動的其他伺服器之靜態名稱 -IP 對應。

搜尋 VM 所託管的網站之原始碼和組態也是不錯的作法，這些地方也可能包含機密，尤其是 Apache 的 .htpasswd 和 .htaccess 檔，它們控制 Wcb 內容的存取，這些檔案常見於 /var/www、/usr/share/nginx 和 /httpd 等目錄中。

使用者的家目錄是另一個很好的情報來源，這些目錄通常位於 /home 和 /root 中，用於連接遠端系統的安全操作介面（SSH）金鑰和 .bash_history（命令歷程檔）也是重要的機密來源，命令歷程通常留有其他值得調查的伺服器名稱，從中尋找 ssh、telnet、scp 和 smbclient 等命令以及這些系統的有效帳號。

雖然 Linux 不像 Windows 那麼普遍使用檔案副檔名，還是應該在 Linux VHD 執行副檔名搜尋，因為許多使用者和應用程式都習慣用副檔名，掃描與憑證相關的檔案（*.pfx、*.p12、*.jks）以及 shell 腳本（*.sh）和文字檔（*.txt），另外，也可能從資料庫檔案（如 *.sql、*.db 和 *.myd）找到有趣的內容。

# 破解密碼雜湊值

一旦成功從 Linux 或 Windows VM 獲取密碼雜湊值後，必須找出它們的明文密碼才能使用，雜湊是一種*單向函數*，意思是不能從雜湊值計算出原本的明文內容，但在本節會介紹幾種方法，或許能找出雜湊值的原始明文密碼，包括：字典攻擊、暴力攻擊、混合攻擊和彩虹表攻擊。

## 字典攻擊

*字典攻擊*是攻擊者整理常用的單字或短詞清單，然後使用與目標伺服器密碼相同的雜湊演算法對清單中的每一項目計算雜湊值，再將計算結果與待破解的雜湊值比對，並顯示是否相符。

如果有一份目標組織常用的密碼清單、或者懷疑使用者的密碼可能出現在讀者編撰的字典清單中、或者有一份很大的密碼字典，就很合適執行字典攻擊。當犯罪分子入侵一個受歡迎的站台，對發布竊取的密碼之後，通常可以在網路上找到這些大型密碼字典。*https://github.com/danielmiessler/SecLists/* 就是不錯的密碼字典來源。

**WARNING**

在使用被洩露的密碼清單之前，請務必諮詢貴公司和目標公司的法制人員，被公開的密碼並不表示可以任意使用，有些組織認為這些被偷的檔案屬於贓物，是碰不得的，如果讀者打算使用，請細心研判在委託契約中所訂的規則。

# 暴力攻擊

當使用**暴力攻擊**破解密碼時，會以字母、數字和特殊符號的組合產生密碼，然後計算其雜湊值，直到找出與待破解的雜湊值相符的組合為止。這種手法非常耗時，對於長度大於 8 字元的密碼就不太合用，但它能找到典型字典攻擊中找不到的短密碼，例如「*f8i!R+*」。

# 混合攻擊

**混合攻擊**是給合字典和暴力攻擊，嘗試快速找出複雜的密碼，攻擊者將基本字典單字與一串字元組合，再進行雜湊值相比對，然後換到下一個單字。例如「*hippopotamus200*」很可能不會出現在任何字典清單中，對 15 個字元進行暴力破解會花費相當長的時間。但是，使用一個英語單字後面跟著 1 到 4 位數字的混合攻擊，可能會在幾小時或幾天就能找到正確的密碼。混合攻擊的最大缺點是需要知道密碼格式，例如「英文單字加 1 到 4 位字元」的形式是找不到「*200hippopotamus*」這種密碼的。

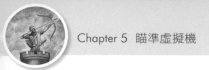

# 彩虹表攻擊

**彩虹表攻擊**有點像暴力攻擊，攻擊者想到事先計算並儲存所有可能組合的雜湊值，再用來與採擷到的目標雜湊值比對，但是，要儲存指定長度的密碼之所有可能雜湊值會需要大量空間，使得這種想法不切實際，為了避免這個問題，彩虹表的設計者採取一種稱為**縮減函式**或**歸約函式**（reduction function）的複雜加密操作，將雜湊值鏈在一起，而只儲存每個鏈的起點和終點，想要了解彩虹表的原理，請參閱 Philippe Oechslin 關於該主題的原始文章，網址為：*https://lasec.epfl. ch/pub/lasec/doc/Oech03.pdf*。

為了利用彩虹表，攻擊者向程式傳入待破解的雜湊值，程式將待破解的雜湊值傳遞給歸約函式計算，再與事先預備的彩虹表進行比對，查看計算結果是否符合某一個鏈的終點，如果是，它會取得鏈的起點值並開始計算雜湊及歸約，直找到原始建立雜湊的值。如果待破解的雜湊值之歸約版本與任何鏈的終點皆不相符，則將它再傳遞給雜湊函式和歸約函式，再次循環執行直到找出正確的鏈。

攻擊者可以針對速度或大小強化彩虹表：較小的彩虹表需要花費更長時間來確認密碼破解結果（但還是比暴力攻擊快得多），而較大的彩虹表可以更快得知密碼破解結果，但會耗用更多的磁碟空間。儘管彩虹表可以比本節所提論的其他攻擊速度更快，但它有三個主要缺點：第一，必須事先計算出雜湊值，因此比其他方法需要更多事前計畫與準備；第二，彩虹表僅適用於一種雜湊格式，例如 MD5，因此，要為每種類型雜湊準備不同的彩虹表，至少，面對 Windows 要準備 LM 和 NTLM 雜湊值、在 Linux 要準備 MD5 和 SHA1 雜湊值；第三，無法有效應付加了鹽粒（salted）的雜湊。

# Windows 的弱密碼雜湊

對於 Azure 上的 Windows VM，Azure 要求帳號不能使用 admin 或 administrator，密碼長度在 12 到 123 個字元之間，小寫字母、大寫字母、數字和特殊符號等 4 種類型字元至少用到 3 種。暴力攻擊通常很難對付這種密碼，除非 Windows 基於相容因素同時以 NTLM 和 LM 雜湊格式儲存密碼，早期版本的 Windows 使用 LM 雜湊格式，而後來的版本使用更安全的 NTLM。LM 有許多缺點：

- 根據需要使用空字元（null）將密碼填充到 14 個字元，然後再分成兩等分，分別對這兩部分進行雜湊，再連接成最終的 LM 雜湊值，因此攻擊者只需要攻擊兩個 7 字元的雜湊值，而這個動作可以平行處理。

- 密碼長度限制為 14 個字元，超出部分會被截掉。

- 密碼中的字母在雜湊之前轉換為大寫，故它們不區分大小寫。

如果使用者的 Windows 密碼少於 15 個字元，則可能會以 NTLM 和 LM 格式儲存在 SAM 中，當密碼少於或等於 7 個字元時，LM 會將後半部分的雜湊置為 AAD3B435B51404EE（即 7 個空字元的雜湊值），因此攻擊者只需要破解前半部分即可。對於超過 14 個字元的密碼，Windows 的 LM 不儲存密碼雜湊值，而是儲存預設的 AAD3B435B51404EEAAD3B435B51404EE。而沒有設定密碼的帳號，Windows 也儲存前述的雜湊值，若遇到這種情形，說不定使用者真的沒有設定密碼，那就太幸運了！

基本上儲存在 LM 的雜湊值只是兩組七字元且不分大小寫的密碼雜湊，針對 LM 雜湊攻擊所需的鍵值空間（keyspace）相當小，攻擊者可以非常快速找出 LM 格式儲存的密碼，由於 LM 不區分大小寫，攻擊者破解 LM 雜湊所找到的密碼可能不是此帳號的真正密碼，因此，攻擊者需要變換密碼的每個字元，對 NTLM 雜湊進行暴力測試，以便找出真正的密碼。例如 LM 雜湊是密碼 DOG，則使用者實際密碼可能是 *dog*、*Dog*、*dOg*、*doG*、*DOg*、*DoG*、*dOG* 或 *DOG*。

---

### 防護小訣竅

要使密碼難以破解，請確保它們至少有 15 個字元，這樣 Windows 就不會儲存 LM 雜湊值，此外，密碼應該包含大寫字母、小寫字母、特殊符號和數字，而且不是字典裡的單字，這樣的密碼很難記住，建議使用具備強健主密碼的安全密碼管理器！

---

## 密碼雜湊攻擊工具

下面提供兩種密碼雜湊攻擊工具，讀者可以擇一使用：Cain & Abel 或 hashcat。Cain & Abel 是一款多功能的安全工具，多年來一直是業界的標準配備，除了功能眾多外，還具有易學易用的 GUI；Hashcat 是滲透測試人員的新配備，它沒有圖形界面，就只有一個特點：破解雜湊值，它以性能及支援多種雜湊類型彌補無 GUI、不易操作的缺陷。身為滲透測試人員，有必要了解不同工具的使用方式。

# 使用 Cain & Abel 破解雜湊值

在 Cain & Abel 的 Cracker 頁籤有提供雜湊破解功能，將雜湊值載入 Cracker 頁籤後，選定要破解的雜湊值，然後從所選雜湊值上點擊滑鼠右鍵，在彈出選單的頂部有三個破解選項（如圖 5-6），分別為：Dictionary Attack（字典攻擊）、Brute-Force Attack（暴力攻擊）及 Cryptanalysis Attack（密碼分析攻擊）。

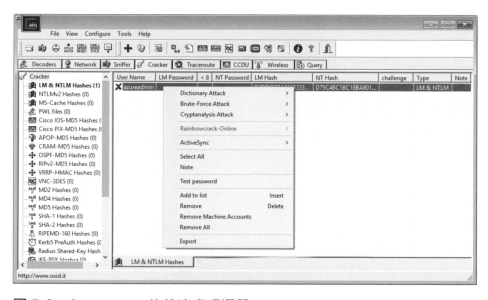

**圖 5-6**：Cain & Abel 的雜湊處理選單

選擇 Dictionary Attack 後會顯示另一個視窗，可以從這裡選擇字典檔的來源，並對字典裡的單字做一些有限度的修改，例如嘗試每單字的全大寫和全小寫形式，如圖 5-7 所示。

Brute-Force Attack 選項會開啟另一個視窗，可以自行指定攻擊時要使用哪些字元，以及欲破解的密碼長度，如圖 5-8 所示。

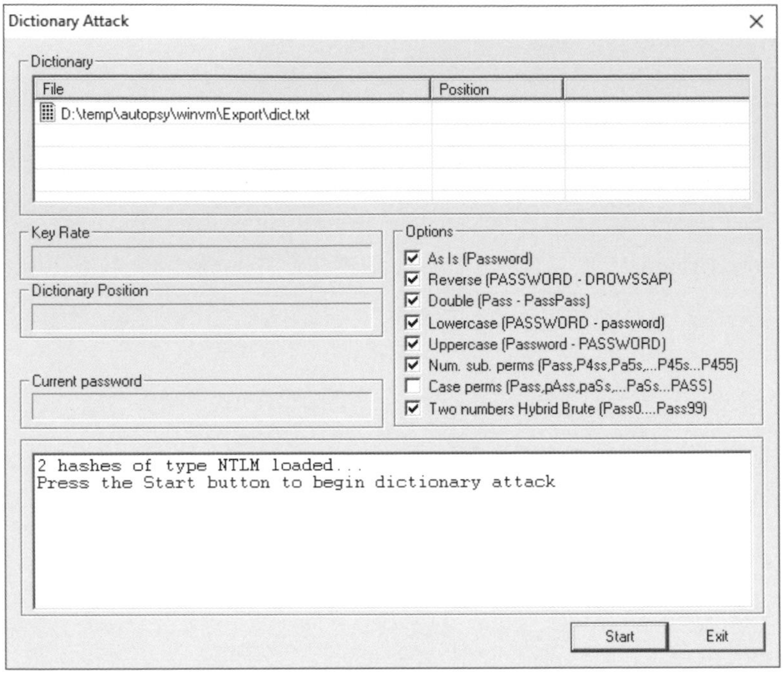

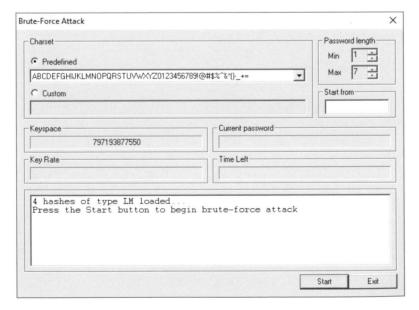

**圖 5-7**：Cain & Abel 的字典攻擊視窗

**圖 5-8**：Cain & Abel 的暴力攻擊視窗

Cain & Abel 具有自動調整暴力選項的功能，這項功能與雜湊類型相關，當處理 LM 雜湊時，預設的鍵值空間不包含小寫字母，且預設為嘗試 1 到 7 個字元的密碼，這些是 LM 雜湊已知的限制。一旦攻擊開始，Cain & Abel 會顯示測試進度，包括每秒的密碼嘗試率和剩餘時間。

Cryptanalysis Attack 選項則是對雜湊執行彩虹表攻擊，此攻擊選項的畫面非常簡單，只提供指向彩虹表路徑的選項，與暴力攻擊一樣，它也會顯示攻擊進度。

## 使用 hashcat 測試雜湊值

Hashcat 是一個免費、開源、跨平台的密碼雜湊破解工具，經過優化，能充分利用最新顯示卡的 GPU 和 CPU 的處理能力，讀者可以從 *https://hashcat.net/hashcat/* 下載。

類似 Cain & Abel，hashcat 提供字典攻擊和暴力攻擊選項，而它的混合模式更棒，藉由 GPU 的威力，hashcat 每秒可以測試極大量的密碼排列，依照顯示卡的等級及雜湊類型，每秒約可處理數百萬、數十億甚至數兆筆密碼，它也支援使用複雜的規則來產生密碼，如果知道目標公司的密碼原則，這項能力可是非常有用，例如已知密碼至少 8 個字元且包含數字和符號，在測試時就可以忽略不符合該條件的密碼。

Hashcat 支援許多雜湊格式，Cain & Abel 支援約 30 種雜湊格式，hashcat 則超過 200 種，當遇到 VM 的作業系統或軟體使用自己的密碼形式（如 PeopleSoft、Lotus Notes 或 Joomla），大量支援能力就比較佔優勢。

要學習如何使用 hashcat，筆者建議閱讀 *https://hashcat.net/wiki/* 上的 wiki 文章，請注意，使用 hashcat 時，若設定不當，可能比使用正確的字典及合適規則在作業上要多花好幾倍時間，更糟糕的是，未深思而倉促啟動作業，可能不經意排除目標系統的可用密碼。在滲透測試期間，最令人懊惱的不外乎進行破解好幾天之後，才發現因命令錯誤而需要重新執行！

> **NOTE**
>
> 如果讀者電腦的 GPU 不夠力，或許可考慮使用具備 NVIDIA GPU 的特殊 Azure VM 執行 hashcat，這些 GPU 是專為需要大量計算的任務而設計，不過，長時間使用這類 VM 的成本，通常比在自己電腦安裝及使用一些高階顯示卡來得昂貴，但是，下列兩種情境，可能會傾向於使用 Azure GPU，第一，需要非常快速破解重要密碼，使用 Azure，可以建立數十部特殊 VM，並為每部 VM 分配不同的鍵值空間子集，以便進行平行測試；第二，若發現契約中要破解的密碼是使用罕見的加密技術，這種可能只會執行一次的情況下，使用 Azure 會比自己安裝及設定 GPU 硬體更為划算。

# 將 VHD 上找到的密碼套用於 VM

從 VHD 找到使用者帳號和密碼後，就可以測試這部在 Azure 中運行的 VM，不過，要先知道如何連接到此 VM，為此，需要其主機名稱或 IP 位址、提供的遠端管理服務及其端口，若此 VM 是執行 Windows，通常會使用**遠端桌面協議**（RDP），而 Linux VM 通常會開啟 SSH，也可能使用少見的**虛擬網路運算環境**（VNC）或 telnet，但這兩種協定預設未啟用加密傳輸，實在不應該使用，尤其不該用在網際網路上。

## 確認主機名稱

若讓我選擇主機名稱或 IP，筆者會傾向於主機名稱，因為 IP 有可能採用動態分配。Azure 預設以 VM 的主機名稱做為 VHD 命名的開頭文字，例如，VHD 的檔名是 *myazurevm20151231220005.vhd*，則其主機名通常是 *myazurevm.cloudapp.net*。

當然，VHD 可以重新命名，或者 VM 主機可以使用不同名稱，如果發現是這種情況，可以嘗試從 Azure 或 VHD 的內容尋找此主機的名稱資訊，最簡單的方法是使用 Azure PowerShell 的 **Get-AzureVM** 命令取得訂用帳戶的每部 VM 之主機名稱，前提是擁有適當存取權限的帳號。

或者直接向 VHD 本身尋求解答，Windows 將主機名稱儲存在 SYSTEM 機碼登錄檔中，在本章前面「分析 Windows 的 VHD」小節已介紹過了，要查看此值，需要用機碼檢視器或機碼登錄編輯器開啟檔案。

## 從 Windows 的 VHD 取得主機名稱

想使用 Windows 自帶的 regedit 工具從 VHD 取得主機名稱，可要非常小心，稍不留神就可能用 VM 的機碼值覆蓋你的個人電腦之機碼表，最好是選用 MiTeC 的 Windows Registry Recovery（*http://www.mitec.cz/wrr.html*），操作方式如下：

1. 安裝並啟動 Windows Registry Recovery，然後點擊「**File ▶ Open**」（檔案 ▶ 開啟）。

2. 選擇從 VHD 匯出的 SYSTEM 檔，然後點擊「**OK**」（確定）。

3. 從左側的選單中點擊「**Raw Data**」（原始資料）選項（見圖 5-9）。

4. 從中間窗格瀏覽到 *ROOT\ControlSet001\Control\ComputerName\ComputerName*。

5. 主機名稱位於右側窗格的 ComputerName 字串欄位中，如圖 5-9 所示。

6. 如果在 ROOT 底下看到 *ControlSet002* 或 *ControlSet003* 目錄，請務必檢查這些目錄，因為主機名可能有變更。

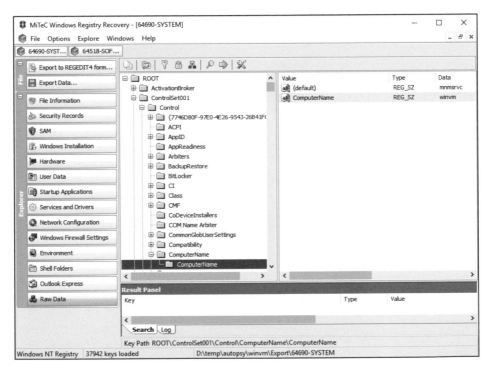

**圖 5-9**：從 SYSTEM 機碼登錄檔查看主機名稱

在 Windows VM 的 VHD 裡之其他文件可能也帶有主機名稱，但 SYSTEM 機碼登錄檔是最可靠的來源。

## 從 Linux 的 VHD 取得主機名稱

從 Linux 的 VHD 取得主機名稱並不難，只需找到並查看 */etc/hostname* 檔的內容，它應該有 VM 的主機名稱。

## 尋找遠端管理服務

知道主機名稱後，應該判斷 VM 是否具有可存取的遠端管理服務，雖然 RDP、SSH、VNC 和 telnet 服務有預設使用的端口，但目標 VM 或許不是使用這些端口，因此需要判斷遠端服務使用哪個端口，這可以由訂用帳戶提供的資訊、測試已知端口或執行完整的端口掃描來取得。

## 使用 PowerShell

如果已擁有適當的身分憑據，從 VM 查找可遠端存取的端口之最佳方法是使用第 3 章「收集網路架構的情報」小節所學的 PowerShell 偵查手法，從 `Get-AzureEndpoint` 和 `Get-AzureRmNetworkSecurityGroup` 命令輸出的資料包含每部 VM 允許通過防火牆的開放端口。

檢視這些輸出資料，將所有列出的開放端口與表 5-1 所列的公認管理服務端口比較。

**表 5-1**：常見的管理服務使用之端口

| 服務 | TCP 端口 |
|---|---|
| RDP | 3389 |
| SSH | 22 |
| VNC | 5900 |
| telnet | 21 |
| Windows Remote Management（PowerShell 遠端連線） | 5985, 5986 |

如果找到符合的端口，請嘗試使用該協定的使用者端工具連線到 VM，例如在 Windows 可以使用自帶的 mstsc.exe 程式連接到 RDP 端點、PuTTY 可用於 SSH 和 telnet，或者 TightVNC 可用於 VNC 伺服器，如果讀者的個人電腦是執行 Linux，則 SSH、VNC 和 telnet 的使用者端工具通常都已預先安裝，至於 RDP 可選擇較受歡迎的 freeRDP。

上述 PuTTY、TightVNC 或 freeRDP 可從下列網址取得：

- *PuTTY：https://www.chiark.greenend.org.uk/~sgtatham/putty/latest.html*

- *TightVNC：http://tightvnc.net/*

- *freeRDP：http://www.freerdp.com/*

如果 Windows Remote Management（遠端管理）可以使用，就能以 PowerShell 進行連線，命令如下所示：

---

❶ PS C:\> **$s = New-PSSessionOption –SkipCACheck –SkipCNCheck –**
**SkipRevocationCheck**

❷ PS C:\> **$c = Get-Credential**

❸ PS C:\> **Enter-PSSession -Credential $c -ComputerName** *TARGET_IP* **-UseSSL**
**-SessionOption $s**

❹ [*TARGET_IP*]: PS C:\Users\Administrator\Documents> **hostname**
WebhostSrv2012
[*TARGET_IP*]: PS C:\Users\Administrator\Documents> **exit**
PS C:\>

---

這些命令是：指示 PowerShell 忽略 SSL 憑證驗證 ❶（因為使用者端工
具不信任此主機）、提示輸入連線目標電腦所需的身分憑據 ❷、進行連
線 ❸。如果連線成功，畫面會改為顯示遠端主機的命令提示符，現在
可以在遠端主機執行命令了 ❹。

## 測試公認的端口

如果無法使用 PowerShell 存取訂用帳戶，請測試連線表 5-1 所列各
項服務的公認端口，在 Windows 使用內建的 PowerShell 命令 Test-
NetConnection，不需要訂用帳戶存取權就能快速進行測試，只要對著
要測試的端口執行命令即可：

---

❶ PS C:\> **Test-NetConnection -ComputerName** *TARGET_IP* **-Port 3389**
ComputerName     : *TARGET_IP*
RemoteAddress    : *TARGET_IP*
RemotePort       : 3389
InterfaceAlias   : Ethernet
SourceAddress    : 192.168.0.114
❷ TcpTestSucceeded : True

❸ PS C:\> **Test-NetConnection -ComputerName** *TARGET_IP* **-Port 21**
 WARNING: TCP connect to (*TARGET_IP* : 21) failed

---

```
WARNING: Ping to TARGET_IP failed with status: TimedOut

  ComputerName          : TARGET_IP
  RemoteAddress         : TARGET_IP
  RemotePort            : 21
  InterfaceAlias        : Ethernet
  SourceAddress         : 192.168.0.114
  PingSucceeded         : False
  PingReplyDetails (RTT) : 0 ms
❹ TcpTestSucceeded      : False
```

此範例嘗試連接到端口 3389 ❶，並成功連線 ❷，而與端口 21 的連線
❸ 則失敗 ❹。因為 3389 是 RDP 端口，就可以改用 mstsc.exe 嘗試連線
到此 VM。

## 執行端口掃描

如果嘗試連線到公認端口都失敗，又沒有適當的 PowerShell 存取權
限，只好對 VM 執行完整 TCP 端口掃描，依照網際網路連線速度和
VM 負載，端口掃描可能會耗費幾分鐘，但它能可靠地判斷 VM 上開
啟且可從個人電腦存取的端口。

最佳的端口掃描工具是 Nmap（*https://nmap.org/*），它能安裝於
Windows 或 Linux，可能的話，筆者建議在 Linux 使用它，因為執行
效率更高。安裝 Nmap 後，開啟命令視窗並執行下列命令：

```
# nmap -Pn -p 0-65535 -sV hostname

Starting Nmap 7.01 ( https://nmap.org )
Nmap scan report for hostname (IP)
Host is up (0.041s latency).
```

```
Not shown: 65534 filtered ports
PORT      STATE SERVICE           VERSION
3389/tcp open  ssl/ms-wbt-server?
5986/tcp open  ssl/http           Microsoft HTTPAPI httpd 2.0 (SSDP/UPnP)
Service Info: OS: Windows; CPE: cpe:/o:microsoft:windows

Service detection performed. Please report any incorrect results at
https://nmap.org/submit/.
Nmap done: 1 IP address (1 host up) scanned in 10081.46 seconds
```

-Pn 選項告訴 Nmap 即使目標主機沒有回應 ping 請求，也要繼續執行後續掃描；-p 選項指示要掃描哪些端口（此例是所有 TCP 端口）；-sV 指示 Nmap 嘗試確認找到的開放端口上所執行的服務。根據這些結果就能了解目標 VM 可用的遠端管理服務以及它們使用的端口。

有三種因素會造成上面介紹的技術無法成功：VM 目前已關機、所有遠端服務已被停用（或端口被防火牆限制）、主機名稱或 IP 位址不正確。面臨這種窘境，唯一的選擇是稍後再試，或放棄遠端管理服務而繼續進行滲透測試的其他部分。

# 重設虛擬機的身分憑據

如前所述，結合 VHD 的鑑識與密碼破解是從 VM 取得身分憑據的強大手段，但它僅限於未啟用 Azure 磁碟加密，且攻擊者有充份時間可以破解管理員密碼的情境，若已取得訂用帳戶的管理權限，可以使用另一種更快的方法，不需要從磁碟上獲取資訊：重設 *VM 的管理員密碼*。這種方法雖然快速可靠，但也極可能被偵測到，所以筆者將它留作最後的手段。

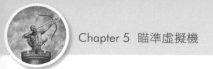

# 如何重設虛擬機的身分憑據

為避免使用者忘記密碼而永久鎖定帳戶，Azure 入口網提供重設 VM 密碼的選項，如圖 5-10 所示，為了要能存取目標 VM，請登入 Azure 入口網，點擊「**虛擬機器**」選項，選擇目標 VM，然後點擊「**重設密碼**」。

此表單有一些實用的特性，其中之一是顯示 VM 的內置管理員或 root 帳號（本例為 *azureadmin*），即使不打算重設密碼，這項資訊仍然很實用，因為可用於判斷執行字典攻擊時的有效帳號。其次，若密碼太弱時，密碼框右端會出現一個紅色驚嘆號（！），將滑鼠游標停駐在驚嘆號上，可以看到有關密碼複雜度要求的提示文字，這對於設定 hashcat 雜湊規則是很有價值的資訊。

**圖 5-10**：重設 Azure VM 的密碼

要重設密碼或更改管理員密碼，只需在「密碼」及「確認密碼」輸入框鍵入新的密碼，然後點擊上方的「**更新**」示圖。如果修改「使用者名稱」輸入框的內容，則此管理員的帳號也會被更名，此外，對於已停用的內置管理員帳號，在執行密碼重設後，會將它重新啟用。

此表單還包含「僅重設設定」的單選查核項，可重設遠端桌面服務設定，此選項會保留原來的密碼，但會啟用此 VM 的 RDP（Windows）或 SSH（Linux）以恢復遠端連線能力，此功能的目的是為了因設定不當而造成無法遠端連線的情況，重設後即恢復管理員可遠端連線此 VM 的能力，但對於滲透測試人員，則可以利用它在經強化過的 VM 上重新開啟遠端存取服務。

## 重設密碼的缺點

儘管密碼重設是取得 VM 存取權的可靠方法，但還是有一些缺點，最重要的，當透過入口網成功更改密碼時，並無法確定前一次的密碼是什麼，也就是說重設密碼後，無法再設回原來密碼，現在只有執行重設的人知道新密碼，當合法的管理員嘗試連接到 VM 就會查覺問題。管理員不見得要封鎖 VM 存取，只要再執行密碼重設（假設他們有 Azure 入口網存取權限），但即使沒有經驗的使用者也會意識到可能發生資安事件，並著手調查或回報給資安監控團隊。

其次，即使你擁有身分憑據，也可能不清楚目標 VM 的組態，如果 VM 中執行的軟體正使用你準備重設的帳號，則重設密碼可能會導致服務出現無法預料的後果，這些服務需要重新指定密碼。

最後,這種手法有一些技術限制,VM 必須在運行狀態且安裝 Azure VM 代理軟體,才能使用密碼重設選項,Azure 預設的作業系統映像通常都已安裝此代理,但管理員可能會刪除某些 VM 上的代理軟體,某些不常見或較舊版的作業系統也可能沒有適用的代理,或者 VM 是使用非標準映像建置的。

# 結語

本章討論了攻擊者如何從 Azure 儲存體建立和下載 VM 的磁碟映像快照,再利用 Autopsy 等數位鑑識復原工具,從快照中取得密碼雜湊值和其他機敏資料,接著嘗試使用 Cain & Abel 或 hashcat 破解這些雜湊值,以便取得原始明文密碼,接下來,改用 PowerShell 或端口掃描判斷 VM 有哪些可以存取的遠端管理服務,再利用已破解的密碼連線到 VM 上。

再來是介紹 Azure 的 VM 重設密碼選項,只要能進入 Azure 入口網,就算不清楚 VM 的組態資訊,也可以利用此選項取得任何 VM 的管理員層級存取權限,最後,提到這種攻擊可能會遇到的限制。

下一章將介紹 Azure 網路,以便了解如何找出連線到網際網路的 VM,以及企業內部網路的系統如何與 Azure 服務互動。

# 調查網路系統

**6**

基本上，所謂雲端就是可供租用的大量運算和數位儲存資源之集合，這種商業模式是依靠網際網路讓雲端使用者可以把資料傳入和傳出供應商的系統、管理遠端系統，並為終端使用者提供網站和電子郵件等服務。

因為整體雲端成功與否，連線能力扮演關鍵角色，Azure 為使用者提供各種網路設定，預設是開放網際網路服務，任何人都可以使用這些服務，但 Azure 也提供其他網路選項，可以連接企業內部網路和 Azure 服務，對 Azure 來說，要能夠滿足客戶的工作負載和要求，這兩種連線都非常重要，不當的設定可能導致資安災難。

本章將探討常見的防火牆快速設定，及可能存在被攻擊的漏洞，還會介紹攻擊者如何利用 Azure 隧道入侵企業網路。

# 維護網路安全的最佳作法

保護雲端資源的主要手段之一是正確的網路配置，只要讓惡意流量無法到達服務，就能大大減少漏洞被利用的威脅，筆者常向客戶提出的建議包括：建立小型而專用的虛擬網路、使用網路安全性群組（NSG），以及避免不經意地將公司內部網路橋接到網際網路。

首先為雲端上的每個服務定義分離的 Azure 虛擬網路，藉由建立某個服務存取所需資源的專屬網路，將網路設定成僅允許服務存取必要的最少資源，如果網路包含數十個供不同專案使用的資源，將會變得難以管理。

再者，善用第 3 章「收集網路架構的情報」小節提到的 Azure 網路安全性群組，只讓必要的流量到達虛擬機（VM），如果不是正在執行 VM 的管理作業，則 VM 上的遠端管理服務應該禁止存取，如有必要變更需求，隨後可以臨時增加規則，允許從特定 IP 位址存取這些端口，另外，請考慮修改預設的規則，例如，若服務不需主動連線到網際網路，就封鎖它們的出站流量，當攻擊者打算在某部 VM 建立跳板時，可以提高惡意軟體向外呼叫攻擊者系統的難度。

最後，Azure 提供幾種可在 Azure 與貴公司網路之間建立連線的服務，這部分將隨後在「橋接雲端與企業網路」小節討論，雖然這些功能非常適合混合式（Hybrid）資訊系統，讓公司內部的服務與雲端服務無縫銜接，但也可能帶來不良影響：如果提供此連線的 Azure 虛擬網路上有其他主機提供網際網路服務，則任何一項服務被入侵，都可能引領攻擊者進入企業內部網路，因此，將需要存取企業網路的服務與提供網際網路的服務分隔在不同網段是非常重要的，筆者建議將它們建置在不同的訂用帳戶，以避免意外橋接，如果某些服務需要同時存取這兩類網路，就要非常小心規劃設計，並花費足夠時間進行威脅塑模，找出及解決所有可能的危險因子，當然，一定要進行滲透測試來驗證安全性！

在 Azure 設定網路是一個廣泛的主題，有些特性可讓使用情境得到好處，筆者無法提供完整介紹，幸好，有許多關於 Azure 網路安全性的文件可供參考，有關完整的威脅模型可參閱：

*https://docs.microsoft.com/zh-tw/azure/best-practices-network-security/*，
或使用短網址 *https://goo.gl/ssZh31*

關於能提高網路安全的特性，可參考：

*https://docs.microsoft.com/zh-tw/azure/security/azure-security-network-security-best-practices/*，
或使用短網址 *https://goo.gl/XMzNpk*

# 規避防火牆檢測

Azure 為多項服務提供防火牆，最常用於保護 VM、SQL 伺服器和應用程式等服務，其中 VM 和 SQL 預設會啟用防火牆，並可以套用到它們上面的各種服務。至於應用程式，Azure 有付費的 *Web 應用程式防火牆*（WAF）可選用，了解每種防火牆的特性和預設組態，滲透測試人員便能選擇更好、更有效的手法和工具，以及如何避免哪些耗時的掃描。

# 虛擬機防火牆

防火牆是 VM 的第一道、可能也是唯一道防禦網路攻擊的護城河，在撰寫本文時還很少看到有管理員選用**虛擬入侵防禦設備**來保護他們的 VM，也未能建立進階的路由規則將某些指向 VM 的流量轉向或封鎖，因此，在設置防火牆時必須格外用心。

幾乎所有作業系統都帶有**主機型防火牆**，能夠讓系統管理員設定哪些端口和服務能被網路使用者存取，然而，主機型防火牆存在一些問題：

- **複雜性和不一致性：**每一種作業系統都有不同的防火牆設定方式及命令，有時甚至使用不同的術語，管理員或許熟悉某種類型防火牆，但在不熟悉的作業系統上設置防火牆時，可能無意中犯下重大錯誤。

- **沒有與時俱進的維護計畫：**主機型防火牆的組態一開始或許是安全的，但可能會隨著時間推移而減弱，卻沒人注意到態勢已經發生變化。例如，安裝新軟體或更新系統時，無預警告地在防火牆加入新的例外規則，像是某支應用程式有 Web 介面，因而為**入站**（Inbound）流量開啟 TCP 端口 80 和 443。

- **存在程式臭蟲：**防火牆軟體一般都會經過良好測試，但是軟體錯誤仍在所難免，可能無法有效攔阻某些類型封包，或導致 VM 當機。實際上，防火牆和防毒軟體等安全程式的軟體錯誤往往是最嚴重的，利用這些軟體錯誤不僅可以繞過安全程式所提供的管控機制，同時也因為該軟體幾乎在每個系統上執行又具有系統級權限，可能存在惡意的進入管道。例如 2017 年 Google 安全工程師發現微軟防毒軟體的掃描引擎存在漏洞，當電子郵件到達時，防毒軟體就執行掃描，根本不用等到使用者打開郵件，這使得攻擊者能藉由發送一封惡意電子郵件就取得這台電腦的控制權。這個漏洞很快被修補，但在同一年，其他廠商的安全防護軟體也發現類似問題，而尚未發現的可能還更多。

- **負載能力：**主機型防火牆是在作業系統內分析封包，檢查每筆封包都會短暫消耗處理器及記憶體資源，在重負載情況下，尤其面臨*阻斷服務*（DoS）攻擊時，這種額外的壓力可能會阻擋伺服器提供正常服務，對雲端系統甚至會影響租金付出，因為 Azure 的資源自動縮放功能，可以設定成自動增加資源或將 VM 升級到更高定價級別，以應付臨時增加的負載，而升級所需的費用將掛在 VM 的訂用帳單上。

- **訂用帳戶與 VM 管理：**VM 管理員（可能與訂用帳戶管理員不同人）控制主機型防火牆，可能置系統於可攻擊情勢，如果 VM 受到入侵，則攻擊者能利用該系統再攻擊 Azure 中受到更多管制的其他 VM 或服務，許多公司允許使用者成為個人電腦的本機管理員，但應該不會同意他們將個人電腦直接暴露到網際網路，處理 Azure 也應該秉持相同的原則。

為了解決這些問題，Azure 在主機型防火牆之外另為 VM 提供防火牆，分別是傳統 *Azure 服務管理*（ASM）虛擬機的端點規則和 *Azure 資源管理員*（ARM）虛擬機的*網路安全性群組*（NSG），無論 VM 使用何種作業系統，這些規則都很容易設定和管理，只有具備適當訂用帳戶存取權的人才能停用或重新設定這些防火牆。

但是，在堅固的城堡之下仍存在一些間隙，為了方便管理，每部新 VM 都會套用幾組預設規則，依照 VM 使用的作業系統，這些規則會開啟不同端口，身為滲透測試人員，有必要了解 Azure 預設開啟的端口，使用者通常不會變更這些規則，也就是端口會對網際網路上的任何人開放。

對於 Windows 伺服器，Azure 會為**遠端桌面協定**（RDP）開啟 TCP 和 UDP 端口 3389 的入站流量，此外，預設還會為 Windows 遠端管理（WinRM）開啟入站 TCP 端口 5986，提供 PowerShell 遠端連線到此部 VM。在較舊版本的 VM，Azure 將 RDP 移到 49152 和 65535 之間的隨機端口，雖然對於新構建的傳統 VM 不再執行此操作，但仍可以找到一些借用非常規端口提供保護的舊式 VM。

Linux 開放的端口比較少，預設只會開啟入站的 TCP 端口 22 以供 SSH 連線，這是加密式遠端管理服務的主控台，根據選用 Linux 映像和使用者喜好，可以將 SSH 設定成使用憑證或傳統的帳號密碼進行身分驗證。

當然，這些協定都需要通過身分驗證才能使用，不是直接連線到端口就想要控制 VM，但是，如果攻擊者找到有效的身分憑據、以字典或暴力攻擊成功破解密碼，或者發現繞過這些服務的身分驗證之漏洞，就有能力存取系統。

---

### 防護小訣竅

為了防止攻擊者試圖透過防火牆允許的入站連線存取管理介面，可以更改防火牆規則只允許來自特定 IP 位址的連接，例如來自公司網路的連外端點 IP 位址，或者封鎖網際網路存取這些端口，再另外部署一部經過強化、允許 RDP 入站連線的虛擬機當成跳轉伺服器，並限制僅部分 IP 位址可連線此跳轉伺服器，跳轉伺服器則能夠經由訂用帳戶內部的虛擬網路存取其他服務的管理介面。

---

Azure VM 預設允許所有出站（outbound）流量，訂用帳戶管理員可以更改此設定，但很少有人這樣做，滲透測試人員有很多方式從完全允許（allow-all）的規則取得優勢，首先，如果攻擊者若能存取系統，就沒有規則可以限制資料外洩；其次，像 Metasploit 這類工具可以使用反向 TCP shell 連回攻擊者的指揮和控制（C&C）伺服器接收指令；最後，站上這個系統的攻擊者可以從任何地方下載他們想要的工具。

# Azure SQL 防火牆

Azure SQL 伺服器也有自己的防火牆，但與 VM 防火牆不同，預設就處於啟用狀態，沒有人可以將它們停用，但是，攻擊者仍然有一些手法可以繞過防火牆而直接攻擊 SQL 伺服器。

回憶一下第 3 章，開發人員有時會在 SQL 防火牆增加規則，允許從任何地方連線，攻擊者可以輕易在 Azure 入口網的資料庫防火牆頁面找到這些規則，因為這些規則允許大範圍的 IP 位址連線，例如 0.0.0.0 到 255.255.255.255，技術上，防火牆仍在運作，但不再過濾任何連線，攻擊者可以從網際網路的任何地方連接到 SQL 伺服器，並進行攻擊，例如執行密碼暴力破解。

另外，即使沒有設定**完全允許**的規則，攻擊者仍然可以建立連接，某些資料庫伺服器擁有許多可從各種網路位置連線的授權用戶，可能來自：總部、場區、公司 VPN、家裡，甚至咖啡店和機場的行動網路，當使用者可以從各種位置存取伺服器時，至少有部分防火牆規則會設定成允許一定範圍的連線，例如，來自公司網路的任何 IP 連接，攻擊者只要取得公司系統的存取權，就可能將公司電腦當成跳板來攻擊 Azure SQL 伺服器。如果攻擊者可以存取 Azure 入口網，但無法存取前述可通過 IP 規則的電腦時，或許也能成功為他的 IP 位址加入一條新規則，就因為使用者經常在 SQL 防火牆新增規則，資料庫有十幾條或更多的規則項目，不太有人會注意到新加入的一條，如果讀者要新加規則，名稱盡量與其他合法規則近似，以便融入其中，並詳細記錄所做的修改，以便在委託契約執行完畢之後，將修改內容提供給客戶，驗證這些修改確實已經移除。測試期間應該提高警覺，真正的攻擊者可能會利用讀者所建立的開放端口，若發生這種事情是非常糟糕的。

> ## 防護小訣竅
>
> 應該要定期審視防火牆規則的變化，替所有會使用到 SQL 伺服器的服務保存一份規則清單，如此才能隨時間移除不必要的規則，例如刪除開發人員工作站所用規則，當有需要時，他們可以再從 Azure 入口網或 SQL Server Management Studio 加入這項規則，沒有時時清理，舊的規則會一直累積，進而增加伺服器暴露的風險，也不易檢測被駭客加入的惡意規則，我們可以使用 Azure PowerShell 的 Get-AzureSqlDatabaseServerFirewall Rule 命令自動執行非法規則檢測。

另一個可能的缺點，SQL 防火牆規則係為伺服器而設置的，而不是按照資料庫設定，如果伺服器有 20 個資料庫，分別由不同的團隊使用，同一條規則將套用到所有資料庫，若某個團隊因使用的 Azure SQL 資料庫較不重要，故沒有提高資安防護等級，若攻擊者入侵此團隊的某台電腦，就能使用相同系統找出其他具備高階防護的團隊所使用之重要資料庫。

# Azure Web 應用程式防火牆

傳統防火牆主要利用規則來決定是否放行某些端口及 / 或 IP 位址的流量，而 Web 應用程式防火牆（WAF）與傳統防火牆不同，它部署在 Web 應用程式的前方，負責查看是否有惡意請求，當 WAF 發現可疑請求形態時，可以採取事件回報或直接封鎖流量，所以 WAF 更像是入侵偵測系統（IDS）或入侵防禦系統（IPS），而不是 IP 防火牆。自從 2017 年起，WAF 已經成為必要的標準配置，知名的開放網頁應用程式安全計畫（OWASP）十大 Web 漏洞名單將缺少 WAF 視為安全弱點。

為了跟上業界潮流，Azure 現在也提供使用者於 Azure 網站和應用程式的前端部署的 WAF，微軟還允許其他供應商為 Azure 客戶提供WAF，多數 WAF 的功能都很類似，本書將重點放在微軟的 WAF 上，它也是 Azure 中最常用到的。

要啟用微軟的 WAF，客戶必須建立 Azure 應用程式閘道，這是一種負載平衡服務，可在 Azure 伺服器池之間分發 HTTP 和 HTTPS 請求，在Azure 應用程式閘道設定階段，使用者可選擇在此閘道上啟用 WAF。在設定 WAF 時，可以選擇 WAF 只偵測和記錄威脅，還是要封鎖它們，後者可以提高受保護站台的安全性，但如果規則訂得不夠嚴謹，則可能連有效流量都會被封鎖。

Azure 的 WAF 使用 OWASP 在 ModSecure Core Rule 專案所定義的規則，站台管理員可以選用 OWASP 2.2.9 或 OWASP 3.0 規則集，除了刪除一些常發生誤報和調整規則嚴重性外，最大的改變是 OWASP 3.0 增加了拒絕 IP 的規則，能夠阻止來自已知惡意發送者和與某些國家 / 地區相關的 IP 位址之請求。滲透測試人員應該要知道 OWASP 的拒絕 IP規則，因為 WAF 可能會根據這些規則阻擋測試人員的主機，讓他們以為伺服器沒有存在可攻擊的漏洞，實際上，攻擊可能來自不同的 IP 位址，以至於在滲透測試報告中留下可怕的誤判形勢。

Azure WAF 的一個主要缺點是可調整的組態有限,管理員可以手動啟用或停用單個 WAF 規則或某一類規則,卻無法調整規則使它符合特定情境需要,因此,若某一規則會產生大量誤報,管理員可能將它停用,另外,許多規則只有粗略的說明,造成使用者停用的規則比網站所需的規則還多,想了解規則清單,可參考圖 6-1 的 Web 應用程式防火牆設定頁面。

並沒有明確手段來繞過 WAF 的監視,如果懷疑客戶使用封鎖特定攻擊的 WAF,滲透測試人員最好是到網路上尋找漏洞利用的手法,並查看是否有其他人已找到潛入 WAF 的方法,否則,就修改攻擊的程式碼,也許一點點改變就能繞過 WAF 規則的比對。

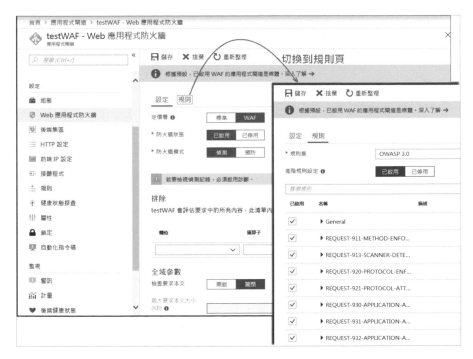

**圖 6-1**:選用 OWASP 3.0 規則的 Azure WAF 設定頁面

**防護小訣竅**

WAF 並非萬無一失，與任何特徵比對方式的資安產品一樣，可能會漏判新型攻擊，攻擊者也可能利用巧妙手法修改漏洞利用程式來繞過 WAF 偵測，儘管不是絕對安全，但 WAF 確實提供額外的保護層，對於建構更安全系統環境，它也扮演重要角色。

但此同時，WAF 也常常引入人為風險，開發人員經常傾向相信 WAF 會阻擋任何惡意行為，以為部署有資安漏洞的程式也不會被駭客入侵，這就像 IT 人員認為只要安裝防毒軟體就可以不用進行安全更新，顯然這種認知是不正確的！即使部署 WAF，仍要提高警覺，否則，WAF 可能導致整體安全性下降。

# 橋接雲端與企業網路

當公司開始選擇雲端運算做為 IT 戰略的一部分時，可以將現有工作負載遷移到雲端或建置專屬雲端的新服務，無論選擇何種方式，在企業系統和雲端供應商之間傳輸資料都是一項挑戰，為了解決這道難題，微軟在客戶環境和 Azure 之間提供了兩種不同類型的連接方式。

對於從公司原來環境遷移到雲端的系統，Azure 允許使用者在訂用帳戶和公司網路之間建立直接連線，Azure 的資源與公司原本的網路共用相同的 IP 位址空間，此類直接連線稱為 Azure 虛擬網路。公司可從兩種 Azure 服務選擇實作 Azure 虛擬網路連接：虛擬私有網路（Azure VPN）或 ExpressRoute（快速路由），在接下來的小節將討論這兩種方式。

Azure 虛擬網路很適合應用於雲端遷移，但對於某些工作負載來說卻有點大材小用，很多為雲端環境而設計的服務就是如此，其實只需簡單的訊息傳遞系統可能就夠用了。像 Azure 網站可能完全在雲端運行，收到新的訂單時，再將訂單內容寫入公司內部資料庫，這種應用情境，Azure 就提供了**服務匯流排**（Service Bus）和 Logic Apps 兩種連接器。

## 虛擬私有網路

**虛擬私有網路**（VPN）連線已是成熟的資訊技術，有許多公司在使用，讓員工可以在家或旅途中辦公，VPN 透過網際網路在使用者端和公司的 VPN 閘道器之間建立加密隧道，VPN 可透過隧道傳輸所有網路流量或只傳輸辦公所需的流量。VPN 最常用於使用者電腦和企業網路之間，另一部分則用在互連公司不同位置的網路，甚至資訊高手將智慧手機連接到他的家庭網路。

Azure 提供幾種不同類型的 VPN 連接：

- **點對站**（Point-to-Site）：將個別使用者端的系統連接到 Azure 虛擬網路的隧道連線。

- **站對站**（Site-to-Site）：在公司網路和 Azure 虛擬網路之間的連線。

- **多站點**（Multisite）：多個公司網路都連接到同一個 Azure 虛擬網路。

- **虛擬網路對虛擬網路**（VNet-to-VNet）：兩個 Azure 虛擬網路之間的隧道連線。

透過 Azure 提供的選項，訂用帳戶的 Azure 服務就能夠與其他系統、
網路或訂用帳戶進行通訊，而無需將一方或雙方的網路公開到網際網
路，對於滲透測試人員來說，這代表兩件事：第一，有些在委託契約
測試範圍內的服務，可能只有從連線到 VPN 的系統才能接觸到；其
次，入侵 Azure 服務或訂用帳戶，或許能透過直接連線而存取公司內
部的網路或服務，並不需要這些網路或服務對外公開。

> **WARNING**
>
> VPN 連線可以將目標資源連接到合作夥伴公司的網路，這部分可能
> 不在商定的測試範圍內，在繼續執行測試之前，一定要確認測試過程
> 中所發現的任何新系統是否為測試標的之一。

為了要利用這些連線管道，攻擊者需要知道如何辨別各種形式的 VPN
連線及身分驗證方式、判斷不同 VPN 連線形式的屬性差異。接下來逐
一討論。

## 連接點對站 VPN

點對站連線要求使用者端使用憑證進行身分驗證，為了設置 VPN，
管理員需在 Azure 中建立虛擬網路，並為該網路定義私有 IP 位址空
間，例如 10.0.0.0/16，然後，再建立 VPN 閘道器服務的執行個體
（Instance），為它指定虛擬網路中的子網範圍，最後，管理員建立一
份自簽章憑證做為受信任的根憑證以驗證使用者端請求，並在 VPN 閘
道器的組態中保存此憑證的公鑰部分。

為了讓使用者端可以連線,管理員要從 Azure 入口網下載 VPN 使用者
端軟體,並將它安裝在使用者的電腦,管理員還必須以上面產生的自
簽章憑證做為根憑證,產生一張新憑證,並將新憑證的私鑰安裝到使
用者端的憑證存放區中。

要判斷是否正使用點對站 VPN,可以登入訂用帳戶的 Azure 入口網查
看,也可以檢查使用者的電腦。在 Azure 入口網中,開啟虛擬網路閘
道的頁面(Azure 將服務設定頁面稱為 Blade),查看是否列出閘道類
型為 VPN 的閘道器。若有,點擊此閘道器,然後選擇閘道器的「點對
站設定」項,類似圖 6-2 所示。

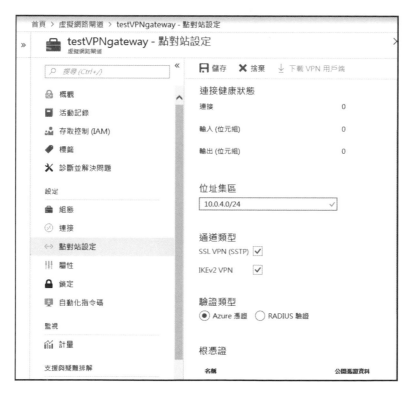

**圖 6-2**:Azure VPN 的點對站設定

管理員可從此視窗得知所選閘道器的點對站連線資訊，包括：活動連
線數和使用的總頻寬、分配給 VPN 的位址空間、用於驗證使用者端憑
證的根憑證之 Base64 編碼公鑰、任何已撤銷的使用者端憑證之指紋、
以及目前連線的 VPN 使用者端 IP 位址。其中只有*已配置的 IP 位址*
是和使用者連線有關，亦即，若讀者建立與 VPN 的非法連接，管理員
並無法得知連線系統的詳細資訊。

若使用 Windows 10 電腦連線，可以按鍵盤上的 Windows+R 執行
「ms-settings:network-vp」來檢查，它會開啟 VPN 設定畫面（之前版
本的 Windows，請執行 control netconnections），請檢查是否有出現任
何 VPN 連接，如果有，請在此連線上點擊「進階選項」。Azure VPN
連線的伺服器位址是以「azuregateway」開頭，以「cloudapp.net」結
尾，如圖 6-3 所示。

**圖 6-3**：Windows 10 VPN 對 Azure VPN 的連線資訊

如果發現具有此類 VPN 連線的使用者電腦，可以利用它對此虛擬網路
範圍內的其他位址發動網路掃描，但這個動作應該會驚動使用者，若
擁有此電腦的管理權限，筆者建議從上面取得連線細節和憑證，再從
其他 Windows 主機連接 VPN。

在使用者電腦開啟「*%appdata%\Microsoft\Network\Connections\Cm*」
目錄，目錄裡應該會發現 *\*.cmp* 的檔案和子目錄，兩者都使用相同的
GUID 命名，之後要將這些檔案和子目錄複製到讀者自己電腦上的某
個資料夾，例如 *C:\vpn*。

接下來要匯出 VPN 使用的根憑證公鑰，請開啟 PowerShell 視窗並執
行清單 6-1 的腳本。

清單 *6-1：匯出 VPN 連線使用的根憑證之 PowerShell 腳本*

```
$path = "$env:appdata\Microsoft\Network\Connections\Cm"
❶ $cmsFiles = Get-ChildItem -Path $path -Filter *.cms -Recurse
foreach ($file in $cmsFiles)
{
  ❷ $match = Select-String -pattern "CustomAuthData1=" $file
    $thumbprint = $match.Line.Split('=')[1].Substring(0,40)
    $cert = (Get-ChildItem -Path "cert:\CurrentUser\Root\$thumbprint")
  ❸ Export-Certificate -Cert $cert -FilePath "$thumbprint.cer"
}
```

此腳本以遞迴方式檢查 *Network\Connections* 目錄裡的 *.cms* 組態檔 ❶，
取出連線用的根憑證指紋 ❷，然後將該憑證匯出到當前目錄 ❸，將所
匯出的憑證複製到讀者的電腦，再將它們匯入受信任的根憑證授權單
位存放區。

在目標電腦上要做的最後一件事是取得驗證 VPN 連線的憑證私鑰，它
位於個人憑證存放區中，但可能被標記為不可移植，幸好，Mimikatz
可以匯出受保護的憑證，要取得憑證，請以系統管理員身份在命令提
示字元（cmd.exe）執行 Mimikatz，然後送出下列命令：

```
mimikatz # crypto::capi
mimikatz # privilege::debug
mimikatz # crypto::cng
mimikatz # crypto::certificates /store:my /export
```

它會將此使用者的所有個人憑證匯出到目前目錄，將匯出的 PFX 檔複製到讀者的電腦，再將它匯入個人憑證存放區，而之前匯出的根憑證是驗證 Azure VPN 身分憑證的根路徑。

最後，要從讀者的電腦建立 VPN 連接，請開啟命令提示字元，切換到包含前面複製的檔案及子目錄的地方（如 C:\vpn），然後執行：

```
C:\vpn> cmstp.exe /s /su /ns GUID.inf
```

其中 GUID 是從目標電腦複製回來的 .inf 檔案之主檔名，此命令會將 VPN 連線加到讀者的電腦上，現在可以點擊通知區域中的網路圖示，出現如圖 6-4 的彈出選單，再點擊 VPN 連線（如圖 6-4 的 freeTest）連接到 Azure 虛擬網路。

**圖 6-4**：彈出選單中的 Azure VPN 連線選項

## 連接站對站 VPN

點對站 VPN 將單個使用者端連接到遠端網路,而站對站(Site-to-Site)VPN 則橋接整個網段到不同的遠端網路,在 Azure 中,主要是將公司網路的一部分連接到 Azure 虛擬網路,使用站對站 VPN 可以讓公司內部資料中心的一群伺服器直接連線 Azure 資源(如 VM),不必為每台伺服器額外安裝 VPN 使用者端軟體,對於將伺服器遷移到雲端但仍需存取內部網路資源的機構來說,這是很常見的設置方式。

要建立此類連線,公司端必須要有支援站對站 VPN 的網路設備,例如路由器或 VPN 閘道器,管理員再從 Azure 入口網及本地網路設備配置兩邊的 VPN,分別在兩方加入對接側的公共 IP 位址以及每個 VPN 閘道器背後的私有網路 IP 範圍,閘道器據此判斷是否繞送網路流量,為了驗證連線身分,雙方也要設置相同的共用密鑰。

由於管理員可以在 VPN 的公司端設置各種設備,要確認哪台設備負責連線是很困難的,要說明如何對它們進行攻擊,實在很難找到切入點,因此,對於站對站 VPN,我們把重心放在 Azure 端。

如果已取得 Azure 訂用帳戶的管理權限,就可以使用 PowerShell 查看 VPN 連接的資訊,清單 6-2 的腳本會枚舉每組連線及顯示重要細節。

清單 *6-2*:顯示站對站 *VPN* 細節的 *PowerShell* 腳本

```
❶ $connections = Get-AzureRmResourceGroup | `
    Get-AzureRmVirtualNetworkGatewayConnection

foreach ($connection in $connections)
{
```

```
❷ Get-AzureRmVirtualNetworkGatewayConnection -ResourceGroupName `
      $connection.ResourceGroupName -Name $connection.Name

❸ Get-AzureRmLocalNetworkGateway -ResourceGroupName `
      $connection.ResourceGroupName | `
      Where {$_.Id -eq ($connection.LocalNetworkGateway2.Id)}

   Write-Output "========================================================"
}
```

此腳本會讀取訂用帳戶裡每個資源群組的所有虛擬網路閘道器清單 ❶，
並顯示這些連線的細節 ❷ 及連線到此 VPN 的遠端站點資訊 ❸，以下
是此腳本處理訂用帳戶的每組 VPN 連線之輸出結果：

```
❶ Name                      : VPN_Name
  ResourceGroupName         : Resource_Group
  Location                  : centralus
  Id                        : /. . ./Microsoft.Network/connections/VPN_Name
  Etag                      : W/"GUID"
  ResourceGuid              : GUID
  ProvisioningState         : Succeeded
  Tags                      :
  AuthorizationKey          :
❷ VirtualNetworkGateway1    : "/. . ./virtualNetworkGateways/Gateway_Name"
  VirtualNetworkGateway2    :
❸ LocalNetworkGateway2      : "/. . ./localNetworkGateways/Remote_Network"
  Peer                      :
  RoutingWeight             : 0
❹ SharedKey                 : MySuperSecretVPNPassword!
❺ ConnectionStatus          : Connected
  EgressBytesTransferred    : 0
  IngressBytesTransferred   : 0
  TunnelConnectionStatus    : []

❻ GatewayIpAddress          : 203.0.113.17
  LocalNetworkAddressSpace  : Microsoft.Azure.Commands.Network.Models.
  PSAddressSpace
```

```
ProvisioningState        : Succeeded
BgpSettings              :
❼ AddressSpaceText       : {
                             "AddressPrefixes": [
                               "192.168.200.0/24"
                             ]
                           }
-- 以下省略 --
```

一開始輸出站對站連線的名稱 ❶，從名稱或許可以猜到連線的目的，
接下來還有 Azure VPN 閘道器的名稱 ❷ 和公司內部網路 ❸，這些都是
由使用者設定的。SharedKey（共用密鑰）的值是站點連到另一個站點
的驗證密碼 ❹，取得 SharedKey 就可能建立自己與公司 VPN 閘道器的
連線，當然還要看允許連線的 IP 範圍。ConnectionStatus（連線狀態）
顯示目前是否已建立 VPN 連線 ❺。最後，GatewayIpAddress（閘道
IP 位址）是公司 VPN 閘道器的公共 IP 位址 ❻，而 AddressSpaceText
（位址空間）是 VPN 的使用者網路上之私有網路 IP 範圍 ❼。

---

### 防護小訣竅

需要採取兩項重要措施，以避免有人惡意連接站對站 VPN，首
先，務必選擇攻擊者難以猜測的複雜共用密鑰，這樣，對手就
不得不想辦法入侵 VPN 閘道器或 Azure 訂用帳戶才能拿到它；
其次，將 VPN 的組態和防火牆設定成僅允許特定 IP 才能進行站
對站連接及繞送網路流量。

## 連接多站點 VPN

多站點 VPN 允許多個站點相互連線，無論是網狀拓撲中，VPN 的每家分支機構連接到其他分支機構；還是在星狀拓撲裡，分支機構向總部連線。多站點 VPN 對於擁有許多小型分支機構的公司非常實用，例如銀行、保險公司和政府機關。

Azure 處理多站點 VPN 的方式，是允許每個 Azure VPN 閘道同時擁有多個站對站連線，因此，上一節介紹的內容也適用於多站點模式。清單 6-2 的腳本可以處理所有類型的 VPN，也可以將它用於多站點VPN。

## 連接 VNet 對 VNet 的 VPN

對於在兩個不同 Azure 虛擬網路（VNet）的資源，當需要彼此通訊時，微軟提供了 VNet 對 VNet 連線，管理員可以使用這類 VPN 連接在不同區域（甚至是不同訂用帳戶）的其他 VNet，除了連線端點不是客戶的網路設備外，VNet 對 VNet 的屬性幾乎和站對站 VPN 相同，它會使用另一個 Azure VPN 閘道執行個體。

滲透測試人員可以選擇將 VPN 閘道加到自己的訂用帳戶，然後將它與目標的 VNet 配對，這很值得去嘗試，因為在 Azure 入口網可以清楚看到此 VPN 連線，但它提供一種截然不同的方式來維持對訂用帳戶的VM 之永久存取權，除非這條連線被發現而被停用。如果讀者打算這麼做，請從不重要的訂用帳戶執行此操作，因為目標系統的管理員也可以直接存取你的系統，畢竟 VNet 對 VNet 是雙向的。

為了達成目的，受測對象的訂用帳戶必須已具備 VPN 閘道，我們還要知道閘道的名稱和 ID（例如 */subscriptions/* 訂用帳戶代號 */resourceGroups/* 資源群組名稱 */providers/Microsoft.Network/virtualNetworkGateways/* 閘道名稱），只要有目標訂用帳戶的管理存取權，就可以使用下列 PowerShell 命令取得這兩項內容：

```
PS C:\> Get-AzureRmResourceGroup | Get-AzureRmVirtualNetworkGateway
```

還需有自己的訂用帳戶之 VPN 閘道的名稱和 ID，有了這些資料，就可以在自己的訂用帳戶中執行下列命令：

```
$myGateway = Get-AzureRmVirtualNetworkGateway -Name "Local_Gateway_Name" `
    -ResourceGroupName "Local_Gateway_Resource_Group"
$remoteGateway = New-Object Microsoft.Azure.Commands.Network.Models.PSVirtualNetworkGateway
$remoteGateway.Name = "Target_Gateway_Name"
$remoteGateway.Id   = "Target_Gateway_ID"
New-AzureRmVirtualNetworkGatewayConnection -Name "V2V" -ResourceGroupName `
    $myGateway.ResourceGroupName -VirtualNetworkGateway1 $myGateway -VirtualNetworkGateway2 `
    $remoteGateway -Location $myGateway.Location -ConnectionType Vnet2Vnet -SharedKey "Key"
```

讀者可以使用個人喜好的文字替換閘道連線名稱（此處為 V2V）及共用密鑰（此處為 Key），然後，在目標訂用帳戶也執行相同命令，交換目標閘道與讀者的閘道之對應屬性值，至此，VPN 連線應已建立完成。

# 快速路由

很多客戶都適合使用*站對站* VPN，但在公司和 Azure 資料中心之間仍然依賴底層的網際網路連接，此路徑可能需要通過不同網路供應商間的許多閘道，無法保證鏈路的延遲和頻寬，某些關鍵應用系統無法接受這種不確定性，在這種情況下，**快速路由**（ExpressRoute）提供了可行的替代方案。

快速路由是微軟允許客戶在其公司和微軟雲端服務之間建立專用線路的方案，它使用專用線路而不是透過網際網路，具有穩定的延遲和頻寬，並提供服務水準協議（SLA），連線速度從 50MBps 到 10GBps 不等。

由於這些連線需要客戶、建立線路的供應商和微軟彼此簽定特殊協議，且需要高深的網路知識才能部建，通常只在大型企業和機構中才會遇到這類連線模式。

由於這些條件限制，我們不太可能對快速路由連線下手，但或許可以利用該連線存取原本無法接觸到的資源或系統。

如果有訂用帳戶權限，可以使用下列 PowerShell 腳本來判斷受測目標是否使用快速路由：

```
PS C:\> Get-AzureRmExpressRouteCircuit
❶ Name                      : Express_Route_Circut_Name
  ResourceGroupName         : Express_Route_Resource_Group
❷ Location                  : westus
  Id                        : /. . ./Express_Route_Circut_Name
  Etag                      : W/"Id"
  ProvisioningState         : Succeeded
❸ Sku                       : {
                                "Name": "Standard_MeteredData",
                                "Tier": "Standard",
                                "Family": "MeteredData"
                               }
```

```
CircuitProvisioningState         : Enabled
ServiceProviderProvisioningState : NotProvisioned
ServiceProviderNotes             :
ServiceProviderProperties        : {
                                   ❹ "ServiceProviderName": "ISP",
                                   ❺ "PeeringLocation": "Silicon Valley",
                                   ❻ "BandwidthInMbps": 200
                                     }
❼ ServiceKey                      : GUID
  Peerings                        : []
```

這些命令會回傳目前訂用帳戶的快速路由之電路資訊，包括它們的名
稱 ❶、資料中心所在地域 ❷、是否依每 GB 連線資料（計量）計費或
吃到飽 ❸、提供線路的供應商 ❹、對接的地理位置 ❺ 和線路頻寬 ❻，
此外 ServiceKey ❼ 可供其他命令用於查看或更改連線設定。

如果可以存取連接在快速路由上的系統，了解可存取的內容會很有幫
助，快速路由可以在企業和微軟資料中心之間繞送三種不同類型服務
的網路流量：Azure 私有系統、Azure 公共 IP 和微軟公共 IP。

私有對等連線是公司伺服器和連接在 Azure VPN 的資源（如 VM）之
間的雙向鏈路，相當於站對站的 Azure VPN 連線，如果能入侵某部連
接快速路由的 Azure VM，將能直接存取鏈路另一端的企業網路，反之
亦然。

Azure 公共對等連線由公司對 Azure 服務（如 Azure 儲存體）之單向
連線，這種連線只能由公司網路對 Azure 服務發出請求，Azure 服務
是不能主動對公司通訊，但仍然利用專用鏈路傳輸往來的流量。

微軟公共對等連線是與微軟公開的其他服務之雙向連接，例如 Office 365、Exchange Online 和 Skype，由於這些服務就是為網際網路使用而設計，因此微軟不鼓勵使用快速路由來繞送這些流量，如果要傳輸這些流量，則要求客戶使用微軟帳戶的身份來啟用這項服務，因此，很少會遇到這類網路架構。

利用下列 PowerShell 命令搭配 Get-AzureRmExpressRouteCircuit 命令取得的服務密鑰（ServiceKey）就能判斷某個快速路由所使用的連線類型：

```
PS C:\> Import-Module 'C:\Program Files (x86)\Microsoft SDKs\Azure\PowerShell\
           ServiceManagement\Azure\ExpressRoute\ExpressRoute.psd1'
PS C:\> Get-AzureBGPPeering -AccessType Private -ServiceKey "Key"
PS C:\> Get-AzureBGPPeering -AccessType Public -ServiceKey "Key"
PS C:\> Get-AzureBGPPeering -AccessType Microsoft -ServiceKey "Key"
```

第一列是引入 ExpressRoute 命令模組，因為其他命令執行時不會自動將它載入，接下來的每條 Get-AzureBGPPeering 命令都會回傳指定路由類型的啟用或停用狀態，以及該連線相關聯的子網路。

## 防護小訣竅

當連接在快速路由的 Azure VM 被入侵，駭客可以將它當作跳板攻擊公司網路上的資源，這是使用快速路由連線的最大風險，避免此風險的最佳方法是確保快速路由上的 VM 沒有分配公共 IP 位址，如果 VM 不提供公眾服務，駭客就只能從訂用帳戶或公司網路進行攻擊，如此便可大大降低被駭風險。

為了確保沒有建立從網際網路經快速路由到企業的橋接管道，最好的做法是將快速路由和使用它的所有資源放在獨立的訂用帳戶，這樣，公開的資源就不會意外加到快速路由的虛擬網路；另一種選擇是啟用強制隧道，所有系統流量都在 VPN 裡傳輸。

更多資訊可參閱下列網址：

*https://docs.microsoft.com/zh-tw/azure/vpn-gateway/vpn-gateway-about-forced-tunneling*，

或使用短網址 *https://goo.gl/JWyteq*

# 服務匯流排

VPN 和快速路由提供的完整網路連線非常適合用在傳輸各種通訊協定的複雜環境，但並非每種情境都需要在雲端和公司之間架設這麼昂貴的通道，對於小規模的專案，Azure 服務匯流排（Service Bus）可能是更好的選擇。開發人員在 Azure 建立可與服務通訊的端點，並在

公司網路執行輕巧的代理程式，由它連接 Azure 及負責接收傳入的工作，這就是服務匯流排的應用方式。使用此種設計模式，所有連線都來自內部網路，管理員無需開通公司防火牆的任何入站端口。

服務匯流排提供兩種不同的操作模式，都是使用相同的服務資源，開發人員可以選擇使用哪種方式接收訊息：

- 代理訊息（Brokered messaging）是一種拉引（Pull）機制，會將入站訊息暫存在 Azure，直到代理程式連線及索取待處理的工作。

- Azure 中繼器（Relay）會維護 Azure 和代理程式之間的持續連線，工作會立即經由通道推送（Push）出去，並不會暫存在 Azure 上。

服務匯流排就像郵局一樣，完全由開發人員決定訊息使用方式，服務匯流排只負責正確傳輸封包而不考慮其內容，服務匯流排就是如此靈活，因此管理員必須為通道兩端的訊息產生者和訊息應用者撰寫客製程式，以便能產生、解讀和處理訊息，這會造成 Azure 入口網和 Azure PowerShell 命令只能顯示服務匯流排資源的管理細節（例如待處理件數和最近接收時間），而沒有訊息本身的詳細內容，但是可以尋找開源工具來檢查訊息。

## 取得服務匯流排的管理資訊

每個服務匯流排執行個體都有幾項屬性是值得滲透測試人員關心的：執行個體名稱、資源群組、URL 和存取密鑰，要取得這些資訊，請先開啟 PowerShell 命令提示字元及連線到 Azure 訂用帳戶，然後執行下列命令：

```
PS C:\> Get-AzureRmServiceBusNamespace
```

❶ Name : *name*
  Id : /. . ./ resourceGroups/sbrg ❷ /. . ./namespaces/*name*
❸ Location : West US
  Sku :
  ProvisioningState : Succeeded
  Status : Active
  CreatedAt : 6/24/2019 2:02:22 PM
  UpdatedAt : 6/24/2019 3:01:00 PM
❹ ServiceBusEndpoint : https://*name*.servicebus.windows.net:443/
  Enabled : True

成功執行，應該會顯示目前訂用帳戶的每個服務匯流排內容，包括它的：名稱 ❶、資源群組 ❷（嵌在 Id 欄位）、地理位置 ❸ 和 URL ❹，每個服務匯流排也可以有多組存取密鑰，每組密鑰都與一個授權規則相關聯，該規則決定密鑰是否可用於發送訊息（Send 權限）、接收訊息（Listen 權限）、對佇列執行管理操作（Manage 權限）或這些權限的組合。預設每個服務匯流排都有一對可以執行任何操作的主要和輔助根密鑰。

想要查看特定執行個體的授權規則，請執行下列命令：

```
PS C:\> Get-AzureRmServiceBusNamespaceAuthorizationRule
    -ResourceGroup resource_group -NamespaceName name
```

  Id : /. . ./namespaces/*name*/AuthorizationRules/
  RootManageSharedAccessKey
  Type : Microsoft.ServiceBus/Namespaces/AuthorizationRules
❶ Name : RootManageSharedAccessKey
  Location :
  Tags :
❷ Rights : {Listen, Manage, Send}

此命令應該會提供每個規則的名稱 ❶ 及授予的權限 ❷。至於每種權限能執行的確切動作，可以參考下列網址：

*https://docs.microsoft.com/en-us/azure/service-bus-messaging/service-bus-sas#rights-required-for-service-bus-operations*，
或使用短網址 *https://goo.gl/ZzMWFH*

一旦取得規則名稱，可以執行下列命令找出與該規則相關聯的存取密鑰：

```
PS C:\> Get-AzureRmServiceBusNamespaceKey -ResourceGroup resource_group
   -NamespaceName name -AuthorizationRuleName RootManageSharedAccessKey

PrimaryConnectionString   : Endpoint=sb://name.servicebus.windows.net/;
   SharedAccessKeyName=RootManageSharedAccessKey;SharedAccessKey=Base64_Value
SecondaryConnectionString : Endpoint=sb://name.servicebus.windows.net/;
   SharedAccessKeyName=RootManageSharedAccessKey;SharedAccessKey=Base64_Value
PrimaryKey                : Base64_Value
SecondaryKey              : Base64_Value
KeyName                   : RootManageSharedAccessKey
```

使用其中任何一組密鑰，應該能夠像開發人員的應用程式那般與服務匯流排執行個體互動。

## 與服務匯流排的訊息互動

取得服務匯流排（Service Bus）執行個體的存取密鑰後，應檢驗通過該匯流排的訊息內容，根據看到的內容，可採取下列行動之一：

- 如果包含機敏資料，如電子郵件位址或信用卡號碼，則需要納入測試報告之中。

- 訊息似乎會觸發某項動作，例如啟動訂單處理，則可以試著插入惡意訊息是否也會觸發正常動作，例如在未付款的情況下是否仍然出貨。

- 發送帶有無效內容的訊息，查看接收的應用程式是否存在常見軟體錯誤的漏洞，例如遠端程式碼執行、阻斷服務和 SQL 資料隱碼注入（SQL Injection）。

當然，要做這些動作都需要一支可以和服務匯流排互動的程式，目前沒有原生的 Azure 工具可用，讀者可以有兩種選擇：要嘛！修改開發人員的程式，要嘛！使用獨立的工具。如果執行測試專案過程中已經找到開發人員的程式碼（或者擁有他們的應用程式，且具備逆向工程技巧），則使用前一個選項會比較好，能夠準確了解服務匯流排處理的訊息類型，並透過檢視接收端程式碼，尋找可利用的漏洞，例如未確實檢查訊息內容。此外，可能只需微調即可建立測試訊息。

但在許多情況下，可能找不到開發人員的程式碼，就可選用免費、開源的 Service Bus Explorer，它可以用來檢查待處理的訊息、發送測試訊息及管理服務匯流排的任務。圖 6-5 是利用 Service Bus Explorer 查看佇列裡尚未被取走的代理訊息。Service Bus Explorer 可從下列網址取得：

*https://github.com/paolosalvatori/ServiceBusExplorer/*

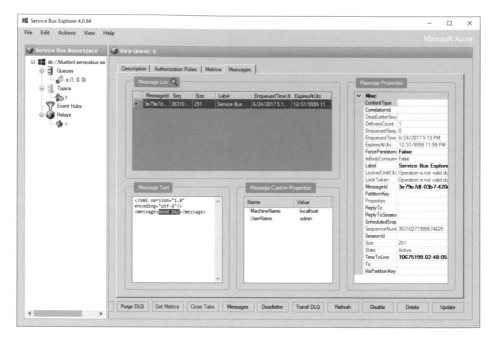

**圖 6-5**：Service Bus Explorer 界面

對於特別忙碌的佇列，Service Bus Explorer 提供 Create Queue Listener
（建立佇列接聽器）選項，可以在佇列名稱上點擊滑鼠右鍵來存取它，
它會開啟一個視窗記錄進入佇列的訊息，並顯示已處理訊息的數量、大
小和速度等統計資訊。在查看無數訊息後，可以利用同一個選單中的
Send Messages（發送訊息）選項來測試接收端如何處理惡意指令。

關於 Service Bus Explorer，還有一件事要知道，就是保存身分憑據的
位置，就如第 4 章討論的儲存體工具一樣，Service Bus Explorer 允
許使用者儲存所使用的連接字串，因此，入侵使用者電腦後，若發
現 Service Bus Explorer 的蹤影，請檢查已被儲存的身分憑據，它們
放在 Service Bus Explorer 應用程式相同目錄下之 ServiceBusExplorer.

exe.Config 檔 案 裡 ， 這 是 一 支 XML 檔 ， 身 分 憑 據 就 在 檔 案 的 `<serviceBusNamespaces>` 區段。

## 邏輯應用程式

**邏輯應用程式**（Logic Apps）是具備跨網通信的最新成員，可讓開發人員和程式新手在諸多 Azure 或第三方服務之間建立事件觸發器，以便引發其他事件的連鎖反應，例如邏輯應用程式可以監視 Twitter 的推文裡頭是否有某公司名稱，並將它們記錄到 SQL 資料庫，同一支應用程式也可以將推文內容用電子郵件發送給 CEO 及發布到銷售團隊的 Slack 頻道。

**服務匯流排**依靠開發人員決定如何處理傳入的訊息，並客製處理訊息的程式，而**邏輯應用程式**則藉由後端工作將不同服務綁在一起，使用者只需透過簡單的圖形界面建立工作流程即可。

就像其他服務之間的仲介，邏輯應用程式的攻擊面積很小，它們不保留繞送的資料複本，而是由所選的目標服務決定如何處理資料，但有一個地方滲透測試人員一定感興趣：**服務憑證**。為了能夠從 Adobe Creative Cloud 到 Zendesk 讀取或發布任何內容，邏輯應用程式有辦法暫存微軟和第三方服務的大量身分憑據或存取符記，但是，所有的身分憑據都是**唯寫**，一旦提交，密鑰可以被覆寫，但使用者是無法看到內容的。

儘管這樣的設計可以防止攻擊者竊取服務身分憑據到他處使用，但攻擊者仍然可以利用它們從事惡意行為。一旦身分憑據被儲存後，是可以從該特定邏輯應用程式的內部利用它，以便執行該服務相關的操作，換句話說，如果邏輯應用程式擁有從 Twitter 讀取的操作能力，則滲透測試人員可以在此應用程式中加入新的操作，在沒有其他授權的情況下，用同一帳號發布推文，如圖 6-6 所示。

滲透測試人員若能存取 Azure 入口網中的邏輯應用程式，就可以對它進行修改，針對應用程式已使用的服務執行新的操作。筆者建議在入口網處理這些事，因為邏輯應用程式的設計理念就是透過圖形化界面的編輯器來建立操作，PowerShell 命令操控邏輯應用程式的能力很有限。

**圖 6-6**：邏輯應用程式（Logic Apps）設計工具顯示新增的張貼推文操作

# 結語

本章討論各種建立和保護 Azure 網路的方法，以及在滲透測試時利用這些技術的手法，首先從 Azure 內建的防火牆開始，包括用於 VM、SQL 伺服器和 Web 應用程式的防火牆；接著探討 Azure 的 VPN 選項，包括點對站、站對站、多站點和 *VNet* 到 *VNet*，以及攻擊者如何嘗試滲透這些連線。

再來是討論快速路由，這是一種類似於 VPN 的專用線路技術，多數由大型機構使用它直接連線 Azure。

最後，介紹兩種將非 Azure 服務連接到 Azure 的技術，其一，服務匯流排為希望從雲端接收訊息的開發人員提供訊息隧道；其二，邏輯應用程式專為非開發人員而設計，可以在 Azure、第三方服務供應商和企業系統之間建立工作流程。在稽查網路組件時要格外細心，雖然這些技術都包含安全機制，若設置不當，可能會導致 Azure 虛擬網路、企業網路或第三方服務的帳戶遭到入侵。

# 其他 Azure 服務

過去有一段時間，作業系統、生產力軟體或電腦遊戲就像奧林匹克運動會一樣，每隔幾年發行一個新版本，頂多中間穿插一些臨時更新和修補套件來修正錯誤，渴望新功能的使用者必須枯等幾個月，最後還要排隊購買盒裝的磁碟或CD。但是這種模式已經發生轉變，發行週期縮短和新的分發管道，甚至配合不同國家貨幣的訂價方式。

新的軟體分發模型在 Azure 尤為明顯，新服務隨時可能上架，前面章節介紹了企業可能會採用的 Azure 核心服務，本章將探討一些較新、較少被採用或獨特的 Azure 服務，並從安全角度驗測這些服務。

首先看一下金鑰保存庫（Key Vault），這是一種能在雲端保管密碼和憑證等身分憑據的安全機制，接著再討論 Web 應用程式應注意事項，Web 應用程式是用來發布網站的 Azure 應用程式服務，最後，以 Azure 自動化服務做結尾，這是一項在雲端和企業網路間自動執行管理任務的服務。

# 金鑰保存庫的最佳實作

當把機密資料（如密碼）寄放到金鑰保存庫時，可以透過多項操作增加額外的保護層，例如嚴格控管存取權限、預先加密機密資料和記錄日誌，這些作為會讓已經很強大的服務更難以被突破。

首先，任何機密資料保管方案的安全程度取決於最弱一環的使用者，限制可以存取金鑰保存庫的人數是重點，使用**角色型存取控制**（RBAC），可以為金鑰保存庫及其內容給予具體而細緻的權限，但是，就算為金鑰保存庫設定一組非常嚴謹的權限也不見得有幫助，如果它所在的訂用帳戶有數十位使用者具備**擁有者**權限，他們根本不需要存取保存庫，就算需要，每位使用者都可以利用其訂用帳戶權限授予自己對金鑰保存庫的存取權。為了避免這種情況，如果會保存特殊機密資料，筆者建議為金鑰保存庫建立專用的訂用帳戶，有關強化金鑰保存庫的更多細節，請參閱：

*https://docs.microsoft.com/zh-tw/azure/key-vault/key-vault-secure-your-key-vault/*，
或使用短網址 *https://goo.gl/4pULcY*

如果使用金鑰保存庫儲存不被其他雲端服務直接使用的機密資料，在放入金鑰保存庫之前，可以考慮先對這些機密資料進行加密，當然，金鑰保存庫也會對它保管的資料加密，只是當攻擊者擁有金鑰保存庫的權限，就能讀到解密後的資料，如果在上傳機密資料之前就先在本機加密，並將解密密鑰離線保管，就算攻擊者取得保存庫的存取權，也只能拿到加密後的檔案，看不到裡面的明文機密。

與其他服務一樣，日誌紀錄對金鑰保存庫也是很重要，啟用日誌後，會記錄對金鑰的枚舉、建立、寫入、讀出和刪除等操作資訊，也包括可以用來判斷非法存取的詳細資訊，例如使用者的 IP 位址和發出請求的帳戶。有關金鑰保存庫的稽核日誌細節，請參閱下列網址：

*https://docs.microsoft.com/zh-tw/azure/key-vault/key-vault-logging/*

# 檢驗 Azure 金鑰保存庫

Azure 金鑰保存庫是一種允許開發人員安全地儲存密碼、連線字串、儲存體金鑰、憑證等的服務，以便供其他 Azure 服務使用，以滲透測試專案的角度，筆者個人很喜歡金鑰保存庫，對於許多測試過程中常發現的問題，都會推薦使用金鑰保存庫機制來解決，同時，若使用者對金鑰保存庫設置不當，它會成為筆者取得身分憑據的另一個來源，讓我可以進一步染指目標環境。

筆者真的沒有誇大，在許多測試報告中，筆者都將金鑰保存庫當成所發現問題的可能解決方案之一。第 2 章「採擷身分憑據」小節提到要從源碼貯庫、未保護的組態檔、開發人員的工作站中找到密碼和其他機密其實不難，而金鑰保存庫為常用的程式語言提供 API 和範例程式，讓開發人員可以輕鬆地將這些機敏資訊保存在安全、有權限管

控、可被稽核的位置,雖然金鑰保存庫無法預防開發人員出錯,卻很
適合用來解決資料保密的問題。

金鑰保存庫提供三種不同的儲存體:**機密**、**金鑰**和**憑證**。每一種儲存
體都為滲透測試人員提供大展身手的機會,詳見以下說明。

# 列出機密內容

機密(Secret)是一組由名稱和文字組成的**鍵值對**,文字內容最大可
達 25KB,機密儲存體支援版本歷程記錄,假如擁有適當權限,可以從
Azure 入口網、透過 API 或 PowerShell 查看機密的內容,由於機密內
容可以被讀取的,如果它們非常敏感,微軟的文件建議事先使用公鑰
對內容加密後,再儲存到 Azure 中,並將解密用的私鑰放入金鑰保存
庫的**硬體安全模組**(HSM)儲存區,這樣就能保護私鑰,進而保護機
密內容,防止未經授權的人存取。

如果找到一組疑似有權存取金鑰保存庫及其機密的帳戶,可使用清單
7-1 的 PowerShell 腳本一舉列出其中內容。

清單 *7-1*:列出金鑰保存庫裡的機密內容

```
PS C:\> ❶ $keyvaults = Get-AzureRmKeyVault
PS C:\> foreach ($keyvault in $keyvaults)
>> {
>>     $vault = $keyvault.VaultName
>> ❷ $secrets = Get-AzureKeyVaultSecret -VaultName $vault
>>     foreach ($secret in $secrets)
>>     {
>>         $value = Get-AzureKeyVaultSecret -VaultName $vault -Name $secret.Name
>>     ❸ Write-Output "$vault`: $($secret.Name) = $($value.SecretValueText)"
```

```
>>    }
>> }

shhh: BackendDbConStr = Server=mydb;Database=prod;User ID=admin;Password=1234
shhh: password = MyB@dPassw0rd
```

此腳本先取得訂用帳戶的金鑰保存庫清單 ❶，再從每個保存庫中讀出所有機密 ❷，最後，對於每筆機密以「保存庫名稱：機密名稱 = 機密值」的格式輸出機密內容 ❸。

## 列出金鑰

金鑰（key）儲存體能讓使用者產生或上傳 RSA 非對稱金鑰到金鑰保存庫，可以在保存庫使用金鑰執行加解密作業，例如利用 Azure 的 API 進行簽章、驗證、加密和解密。金鑰上傳之後，Azure 不允許使用者再匯出金鑰，只能匯出加密後的備份檔，而該備份檔僅供 Azure 還原金鑰之用。

因為沒有人能匯出金鑰，比起保存庫的機密儲存體，金鑰儲存體更讓滲透測試人員興奮不起來，但是，若已取得可調用加解密 API 的帳戶時，仍然有可利用之處，只是利用這些金鑰之前，需要先知道每把金鑰的用途。

Azure 要求每把金鑰都要有一個名稱，可能隱含金鑰的目的，還允許使用者為金鑰貼上最多 15 張標籤（tag，最多 256 字元的鍵–值對），組織可以決定如何使用這些標籤，標籤內容或許可提供有關金鑰用途的資訊。清單 7-2 是利用 PowerShell 命令顯示訂用帳戶的每個保存庫中每把金鑰的詳細資訊。

## 清單 7-2：列出金鑰保存庫裡的金鑰資訊

```
PS C:\> $keyvaults = Get-AzureRmKeyVault
PS C:\> foreach($keyvault in $keyvaults)
>> {
>>     $vault = $keyvault.VaultName
>>   ❶ $keys = Get-AzureKeyVaultKey –VaultName $vault
>>     foreach ($key in $keys)
>>     {
>>         Write-Output $key
>>       ❷ Get-AzureKeyVaultKey –VaultName $vault -KeyName $key.Name
>>     }
>> }
```

```
❸ Vault Name     : shhh
❹ Name           : key1
  Version        :
  Id             : https://shhh.vault.azure.net:443/keys/key1
  Enabled        : True
❺ Expires        :
  Not Before     :
  Created        : 8/12/2018 4:54:07 AM
  Updated        : 8/13/2018 6:09:15 AM
  Purge Disabled : False
❻ Tags           : Name       Value
                   CreatedBy  Matt

  Attributes : Microsoft.Azure.Commands.KeyVault.Models.KeyAttributes
  Key        : {"kid":"https://shhh.vault.azure.net/keys/key1/Version",
                "kty":"RSA", ❼ "key_ops":["sign","verify","wrapKey",
                    "unwrapKey","encrypt","decrypt"],"n":"4vaUgZCV3OG...",
                    "e":"AQAB"}
  VaultName  : shhh
  Name       : key1
  Version    : ed2ebbdc51754d45b69bd6551d2d2052
  Id         : https://shhh.vault.azure.net:443/keys/key1/Version
```

與清單 7-1 讀取**機密**的腳本一樣，這支讀取金鑰的腳本也是從枚舉金鑰保存庫的執行個體（Instance）開始，再從每個執行個體中讀取金鑰清單 ❶，然後輸出每把金鑰的詳細資訊 ❷，輸出的內容包括：金鑰保存庫的名稱 ❸、金鑰的名稱 ❹、金鑰的有效期限 ❺、用來描述金鑰的標籤 ❻ 及金鑰可執行哪些操作 ❼。

一旦發現金鑰的用途，就可以利用它從事符合用途目標的操作，例如用來證明文件真實性的簽章金鑰，就可以利用它產生偽造的文件；或者用在加解密文件的金鑰，就可以利用它來解密文件，但在 PowerShell 並沒有簡單的方式可執行這些操作，倒是微軟在 KeyVault 函式庫提供執行這類操作的 KeyVaultClient 類別，函式庫有 .NET 和 Java 版本，讀者可以從下列網址找到範例程式碼：

*https://azure.microsoft.com/zh-tw/resources/samples/?service=key-vault&sort=0*，
或使用短網址 *https://goo.gl/UUi1jU*

## 列出憑證

**憑證**（Certificate）儲存體是金鑰保存庫「機密」分類下的特例，使用者可以上傳 PFX 檔或讓金鑰保存庫產生自簽章憑證或憑證請求檔，之後，可以使用這些憑證保護使用者與客製的 Azure 應用程式之間的通訊。金鑰保存庫的**金鑰**和**憑證**功能都與非對稱加密有關，但它們的預期目的卻略有不同，金鑰使用安全儲存體中的私鑰執行加解密操作；憑證則可以在不同的應用程式之間使用，例如網站憑證不僅用在加密，也用於確認網站名稱（及其他屬性與預期用途），因此甚至可以在 Azure 之外使用。

金鑰保存庫會遵守憑證裡頭的匯出旗標，如果使用者匯入一組標記為不可匯出的憑證，則攻擊者就無法取得此憑證；如果標記為可匯出，就可以像金鑰保存庫機密一樣，可以被讀取。事實上，如果使用者在金鑰保存庫建立憑證時未指定匯出原則，預設為可匯出。清單 7-3 的腳本會逐一列出金鑰保存庫裡的憑證、檢視其資訊細節及取出公鑰，如果私鑰可存取，也會取得私鑰。

清單 7-3：列出金鑰保存庫裡的憑證

```
PS C:\temp> $keyvaults = Get-AzureRmKeyVault
PS C:\temp> foreach ($keyvault in $keyvaults)
>> {
>>     $vault = $keyvault.VaultName
>>     $certs = Get-AzureKeyVaultCertificate –VaultName $vault
>>     foreach ($cert in $certs)
>>     {
>>         $cn = $cert.Name
>>       ❶ $c = Get-AzureKeyVaultCertificate –VaultName $vault -Name $cn
>>         $x509 = $c.Certificate
>>         Write-Output $c
>>       ❷ $privkey = (Get-AzureKeyVaultSecret –VaultName $vault
>>               -Name $cn).SecretValueText
>>         Write-Output "Private Key:"
>>         Write-Output $privkey
>>         Write-Output ""
>>         Write-Output "Exporting Public Key to $cn.cer..."
>>       ❸ Export-Certificate -Type CERT -Cert $x509 -FilePath "$cn.cer"
>>         Write-Output "Exporting Private Key to $cn.pfx..."
>>         $privbytes = [Convert]::FromBase64String($privkey)
>>       ❹ [IO.File]::WriteAllBytes("$pwd\$cn.pfx", $privbytes)
>>         Write-Output "-------------------------------------------"
>>     }
>> }

Name         : devcertificate
```

```
Certificate : [Subject]
                CN=test.burrough.org
              [Issuer]
                CN=test.burrough.org
              [Serial Number]
                72AF4152C9F54651B9AE039730FB1AAD
              [Not Before]
                8/13/2018 11:06:23 PM
              [Not After]
                8/13/2019 11:16:23 PM
              [Thumbprint]
                9C5A0E244E353369560EFBE4EDB015D3FDE54635

Id          : https://shhh.vault.azure.net:443/certificates/devcertificate/Id
KeyId       : https://shhh.vault.azure.net:443/keys/devcertificate/Id
SecretId    : https://shhh.vault.azure.net:443/secrets/devcertificate/Id
Thumbprint  : 9C5A0E244E353369560EFBE4EDB015D3FDE54635
Tags        :
Enabled     : True
Created     : 8/14/2018 6:16:23 AM
Updated     : 8/14/2018 6:16:23 AM

Private Key:
MIIKTAIBAzCCCgwGCSqGSIb3DQEHAaCCCf0Eggn5MIIJ9TCCBhYGCSqGSIb3DQEHAaCCBgcEgg
YD
-- 部分內容省略 --
Exporting Public Key to devcertificate.cer...
LastWriteTime : 8/14/2018 9:23:48 PM
Length        : 834
Name          : devcertificate.cer

Exporting Private Key to devcertificate.pfx...
---------------------------------------------
```

最後這支金鑰保存庫的枚舉腳本，也和另兩支腳本一樣，先枚舉金鑰
保存庫，再列出憑證，對於每組憑證需要呼叫 Azure 兩次才能取得詳
細資訊，一次是呼叫 GET-AzureKeyVaultCertificate 取得憑證的公開

訊息，包括憑證主體、指紋、有效期限和公鑰 ❶，接著再呼叫 Get-AzureKeyVaultSecret 讀取憑證的私鑰部分（如果可用）❷，再來，腳本會將公鑰值轉存成目前工作目錄的憑證檔（憑證名稱 .cer）❸，最後，建立一支 PFX 檔，裡頭有公鑰資料，如果私鑰可匯出，也會包含私鑰資料 ❹。

---

## 防護小訣竅

如果不打算在金鑰保存庫之外使用憑證，請將憑證標記為不可匯出，為達此目的，在建立憑證時，請在 New-AzureKeyVaultCertificatePolicy 命令加入 -KeyNotExportable 參數，如果有非常重要的憑證或金鑰，可以注意一下金鑰保存庫的實體硬體安全模組（HSM）選項，雖然此選項比軟體式的 HSM 金鑰保存庫貴一點，但將憑證放在工業標準的加密設備，可防止私鑰在存入該設備後被提取。

---

# 從其他 Azure 服務存取金鑰保存庫

使用者可以從入口網設定金鑰保存庫的進階存取原則，讓 VM、Azure 資源管理員（ARM）及 Azure 磁碟加密服務可以存取金鑰保存庫，如圖 7-1 所示。

**圖 7-1**：Azure 金鑰保存庫的進階存取原則 -- 允許從其他服務存取

這些設定都有它們的目的：*虛擬機*可以在金鑰保存庫中儲存和使用 SSL 憑證；ARM 可以建立和部署需要保密的範本（例如 VM 範本的本機管理員密碼）；*Azure 磁碟加密*使用金鑰保存庫的機密儲存體保管虛擬硬碟（VHD）的加密金鑰，金鑰保存庫頗能勝任這份工作，勝過將這些重要資料保存在源碼貯庫好得多，但也意味著有權管理 VM 或修改和部署範本的使用者能夠存取原本無權查看的金鑰保存庫內容。

> ## 防護小訣竅
>
> 由於進階存取原則是設定在金鑰保存庫執行個體層級，在執行個體內的所有秘密資料都受到相同原則約束，為了區隔存取權，最好建立多個保存庫，並限制只有特定服務可以存取對應的保存庫，每個保存庫僅包含有權存取的服務所需使用的秘密資料。

# 處理 Web 應用程式

Web 應用程式是在 Azure PaaS（平台即服務）層運行的網站，屬於 Azure 應用程式服務（App Service）的子集，開發人員可以使用不同程式語言（如 ASP.NET、PHP、JavaScript、Node.js 和 Python）撰寫 Web 應用程式，並在 Windows 或 Linux 容器執行，要判別這些網站很容易，因為預設使用的 URL 格式為「*網站名稱* .azurewebsites.net」，如果部署付費的服務層，則開發人員可以為 Web 應用程式提供自訂的網域名稱。

Web 應用程式是值得關注的目標，原因如下：

- 公開（網際網路）的服務，若遭到破壞可能會對客戶造成聲譽損害。

- 攻擊者有可能在開發人員的工作站上找到用來部署程式的帳戶。

- 它們是 Azure 主流服務，許多公司都有使用。

- 在免費層的網站通常供開發人員測試使用，安全防護規劃較少，卻可能包含正式網站裡的機敏資料。

- 它們的程式碼有時包含存取其他服務（如 Azure SQL）所需的身分憑據。

基於上述原因，滲透測試人員在進行 Azure 評估時一定要包含 Web 應用程式。

# 部署方式

當開發人員想要將最新版本的網站發行到 Azure 時必須決定：使用哪種部署方式及使用哪些身分憑據進行身分驗證。Web 應用程式支援幾種將程式碼上傳到網站的方式：

- FTP ／ FTPS

- WebDeploy

- Git 貯庫（本機或在 GitHub)

- 外部服務（如 OneDrive、Dropbox 或 Bitbucket）部署

最好熟悉這些部署方式，這樣在取得開發人員電腦的存取權時，才能有效判斷哪些工具可能會暫存身分憑據或保存程式碼複本。

Web 開發人員習慣使用檔案傳輸協定（FTP）將網站推送（push）到伺服器，但 FTP 並不會以加密方式保護使用者的身分憑據和檔案內容，所以 FTP 不是最佳選擇，如果發現開發人員使用 FTP，應該算是一個缺失！

還好，Azure 也支援加密的安全 FTP（FTPS），它是可接受的選項，在找到保存連線設定的地方，請檢查伺服器網址前面的協定，確認使用的連線類型，FTP 的連線網址會以「*ftp://*」開頭，而安全連線則使用「*ftps://*」。

另一種常見的部署方法是 WebDeploy，也稱為 MSDeploy，是 Visual Studio 或 *msbuild.exe / msdeploy.exe* 編譯器透過管線（pipeline）發布已編譯的專案，WebDeploy 最初並不是為發布到 Azure 而設計，而是讓開發人員將網站署到微軟的 IIS 網頁伺服器，因此，用它來部署 ASP.NET 編寫的網站，一點也不值得驚訝，WebDeploy 僅適用於 Windows 電腦，有時還會遇到利用 *WAWSDeploy.exe* 部署專案的使用者，此工具是從 WebDeploy 封裝而來，讓操作更便利。

對於使用 git 管理程式碼的開發人員來說，能夠直接從他們的 git 使用者端部署會非常方便，鑑於 git 受歡迎程度大幅增長，使用此方式部署的開發人員會愈來愈多，要使用此種方式，開發人員只需從 Azure 入口網取得部署所需的身分憑據和 git 貯庫 URL，然後使用 git 命令將其網站推送（push）到遠端主要分支（master branch）就可完成部署，開發人員的電腦無需安裝或使用特殊工具程式或函式庫。

Azure 還支援其他不斷增長的外部服務，開發人員可以用它們來保存 Web 應用程式，例如 Visual Studio Team Server、OneDrive、Bitbucket 和 Dropbox，這項功能常稱為雲端同步（cloud sync），和上面所介紹的方式並不相同，上面介紹的部署方式都在開發人員的電腦上執行，使用從 Azure 取得的身分憑據將內容推送到 Azure，但雲端同步是拉取（pull）模式，開發人員授權 Azure 存取他們的雲端硬碟，從指定的外部服務檔案夾將內容拉到 Web 應用程式。

# 取得部署用的身分憑據

除了採用雲端同步外，Web 應用程式開發人員以其他部署方式上傳網站檔案時，必須提供帳號和密碼，部署時使用的身分憑據與使用者登入 Azure 入口網的資訊不同，登入入口網的帳戶不能用來部署網站，而開發人員可以選擇以**綁定使用者**或**綁定網站**的帳戶來部署網站檔案，兩種類型的帳戶都能使用 FTP、WebDeploy 和 git 部署，兩種身分憑據的差異在於：有哪些人共用及到哪裡去找。

## 綁定使用者的部署身分憑據

每位 Azure 使用者都可以建立部署帳戶，在他們可以存取的訂用帳戶裡，對有權操作的網站進行檔案新增、刪除或更改，讀者可以利用下列步驟建立此帳戶或重設其密碼：

1. 登入 Azure 入口網並切換到**應用程式服務**。

2. 在他們的訂用帳戶中開啟任何一 Web 應用程式（如果不存在，則建立一個新的）。

3. 選擇「部署中心 ( 預覽 )」選項，並從工具欄選擇「部署認證」。

4. 在「使用者認證」頁籤指定適當的使用者名稱及密碼，並儲存認證。

建立的帳戶可搭配 FTP、本機 Git 和 WebDeploy 使用，有關部署身分憑據可從該 Web 應用程式的資源頁之「概觀」區及「設定」區下的「屬性」查看。[譯註 1]

建立帳戶後，可以在任何 Web 應用程式上使用，當 Web 應用程式在不同網站時，需要切換網站，要連線時，必須以「**網站名稱\帳號**」的格式指定帳戶名稱，並提供密碼，例如，開發人員使用「*webadmin*」做為帳號及「Awe5omeDev#」為密碼，當要管理 *http://azweb8426.azurewebsites.net/* 這個網站時，開發人員在部署工具中輸入「azweb8426\webadmin」做為使用者名稱、「Awe5omeDev#」為密碼，稍後又想在「*http://bkunaenk.azurewebsites.net/*」網站作業，則要改用「bkunaenk\webadmin」做為使用者名稱，但密碼依然是「Awe5omeDev#」。

由於相同的身分憑據可以使用在眾多網站上，只要攻擊者取得這份身分憑據就可以修改此開發人員能管理的所有網站，甚至只因恰巧位於同一訂用帳戶而權限設定又過於寬鬆的不相干網站，想像擁有 50 位管理員的訂用帳戶，每位管理員擁有並管理一個網站，卻沒有為他們網站變更擁有者或參與者的存取權限，因此擁有訂用帳戶權限的人都有權修改該網站，負責個人部落格的開發人員可能不會花太多精力保護身分憑據，而另一位負責公司主要網站的開發人員可能謹慎保護自己的密碼，在這種情況下，使用前者的身分憑據也能夠修改後者的網

---

譯註 1　由於 Azure 操作界面已經發生變動，上述操作步驟是經譯者重新整理，與原書略有差異。

站！當然也適用於一位開發人員擁有多個 Web 應用程式的情況，其中只有一些 Web 應用程式是重要的。

那麼，在哪裡可以找到使用者的部署身分憑據呢？這和使用者的作業習慣有關，可能是儲存在 FTP client 端、密碼管理器或 git 憑據檔，例如使用者家目錄裡的 .git-credentials 檔。如果使用者是透過 Visual Studio 利用 WebDeploy 或 FTP 部署網站，我們的運氣就沒那麼好了，Visual Studio 會將使用者的密碼儲存在名為「**網站名稱 - 部署方式** .pubxml.user」的 XML 檔（如 *bkunaenk-FTP*.pubxml.user）裡的一個加密區塊，此加密區塊還包含有關工作站及使用者的關聯資訊，因此無法供其他使用者或在其他個人電腦上用它來連線。

**NOTE**

> 可以在不知道密碼的情況下於 Azure 入口網重設部署帳戶，只要擁有入口網存取權，就可以隨時變更密碼，不過，使用者可能會注意到密碼突然無法登入帳戶。另外要注意，部署帳戶本身並沒有入口網的存取權限，只能用來修改 Web 應用程式檔案。

## 部署應用程式的身分憑據

另一種是部署特定應用程式的身分憑據，每個 Web 應用程式都指定一個部署身分憑據，而該應用程式所在的網站之開發人員共用此憑據，且與綁定使用者的身分憑據有相同的應用場合：FTP、WebDeploy 和 git。

此類帳戶的風險略低於綁定使用者的部署身分憑據，綁定應用程式的身分憑據若洩露，攻擊者只能修改單個網站。然而，此憑據的安全性取決於資安意識最差的開發人員，若攻擊者拿到一組由多位使用者共用的身分憑據，很難追查是由誰洩漏出去的，再者，當員工離職、解僱或變換角色時，共用帳戶通常不會重設密碼，使用者仍能持續擁有存取權限。

Azure 入口網並不會列出應用程式部署身分憑據，開發人員可以瀏覽 Azure 入口網內的 Web 應用程式，然後點擊「概觀」選項卡上的「取得發行設定檔」鈕來下載，如圖 7-2 所示。如果管理員懷疑帳戶已遭到入侵，可以使用同一工具欄上的「重設發行設定檔」鈕重設身分憑據。譯註 2

**圖 7-2**：取得 Web 應用程式的發行設定檔

---

譯註 2　原書表示「入口網並不會列出應用程式部署身分憑據」，實際上，從該 Web 應用程式的「部署中心 ( 預覽 )」的工具欄點擊「部署認證」，可從刀鋒頁的「應用程式認證」頁籤看到或重設認證。

「取得發行設定檔」按鈕會下載一支名稱格式為「**應用程式名稱 .publishsettings**」的檔案,回想第 2 章的「發行設定檔」小節,那是帶有訂用帳戶管理憑證的 XML 檔案,在這裡的發行設定檔也是 XML 檔,但它包含有關 Web 應用程式的細節而非訂用帳戶的資訊。每個 Web 應用程式的發行設定檔包含下列項目:

- Web 應用程式的目標 URL。

- 供 WebDeploy 和 FTP 用來部署網站的 URL。

- 部署應用程式所用的帳號,格式為「**應用程式名稱 \ 應用程式名稱 $**」。

- 部署應用程式所用的密碼,純文字的 60 字元英數字串。

檔案可能包含一些可選資料,例如應用程式存取資料庫的連線字串以及 Azure 入口網的 URL。

由於此帳戶的密碼並未加密,其他使用者可以複製 Web 應用程式的發行設定檔到其他電腦上使用,若讀者取得開發工作站或源碼貯庫的存取權,記得要搜尋發行設定檔,因為它們包含連接 Web 應用程式伺服器所需的所有資訊。

## 在 Web 應用伺服器建立和搜尋功能組件

一旦取得存取應用伺服器的權限,可能會想要做點小事,首先是向客戶證明已取得伺服器的存取權,可以試著刪除一支 .config 的小檔案,證明已進入伺服器。這種證明方式比改變公眾可見的內容要好得多,

因為應用伺服器不會將 .config 檔回應給網頁瀏覽器，瀏覽者不會看到網站有任何改變，只有登入伺服器的管理員才知道發生什麼事。

也可藉由修改 Web 應用程式，以安全方式利用伺服器去採擷身分憑證，並覆寫既有的登入訊息；或者在網站上加一張網路釣魚頁面，因為它託管於合法網站，瀏覽者可能不會起疑心。

**WARNING**

在提供公眾使用的網站上修改或新增網頁之前，請務必確認滲透測試委託契約允許此類動作，尤其是用來揭露使用者資訊或身分憑據的程式碼，雖然大部分滲透測試是不會做這樣的限制！如果有任何疑慮問，還是要向客戶和律師確認。跟往常一樣，應該正確記錄及說明所做的更動，以便在契約結束後復原所有變更。

當筆者入侵網頁伺服器時，最喜歡做的事情是尋找不揭露給瀏覽者的機敏資料，例如使用者發出請求時，不會直接回應檔案內容的 .config、.asp、.aspx 和 .php 檔案。.config 通常帶有帳號密碼等機密資料，系統不會回應它的內容；而 ASP 和 PHP 的內容則是先在伺服器處理後，只將處理結果回應給瀏覽器。利用 FTP 存取這些檔案，可以查看嵌在原始碼裡的機敏資料，利用這些資訊可以進一步跳轉到資料庫伺服器或其他後端系統。

除了不提供回應的檔案外，應用伺服器也可能包含一些不容易被發現的檔案，例如開發人員可以將網頁上傳到伺服器，但該網頁的鏈結只有在特定時間才會出現在其他頁面上，像新產品發表前會先上傳網頁，等到發表日，它的鏈結才會出現在首頁。有些開發人員可能僅為某些知道鏈結的人建立網頁，例如管理員登入表單，若這些檔案被駭客得知，將可以用來攻擊瀏覽者，或者侵害「以為看不見就安全」的保護措施，這種現象應該也算是一種安全缺失，即使機密資料不容易被找到，也不應該可從公眾使用的網站取得。

# 自動化服務的最佳作法

Azure 自動化（Automation）服務是功能強大的工具，可在雲端和公司內部自動執行重複性工作，如果惡意使用者也能利用它執行各種工作，將變成極大的安全問題。以下是一些強化 Azure 自動化作業安全性的手法。

首先要小心保存 Azure 自動化的各種儲存體裡之值或資產（asset），自動化服務讓使用者能夠儲存憑證或其他內容，當作業在執行時，可以使用這些內容來存取所需的資源，資產是以加密方式儲存，但執行中的作業需要能夠使用它們，因此自動化服務能夠存取金鑰保存庫裡的解密金鑰，也就是說任何可以建立和執行自動化作業的人，都能夠取得資產的明文內容，詳參即將介紹的「取得自動化服務的資產」小節，如果讀者將身分憑據儲存為資產，請確保身分憑據只具有完成任務所需的最小權限。

再來，若計畫在公司環境啟動自動化任務，則需要設置混合式背景工作角色（Hybrid Worker），這需要在公司系統安裝代理程式，細節可以參考本章後面將介紹的「混合式背景工作角色」小節。預設這些代理程式以伺服器的本機系統帳號執行作業，也就是這些作業對執行它們的伺服器有完整的管理存取權,因此,永遠不要將重要系統設定為**背景工作角色**。雖然背景工作角色及其執行的作業需要某種程度的資源存取權才能完成任務,但請確保建立一個良好的威脅模型,並考慮此類雲端到企業的存取模式可能帶來的風險。

# 利用 Azure 自動化服務

Azure 自動化服務也值得討論,它是一種複雜的雲端任務排程,管理員在 Azure 入口網利用 PowerShell 或圖形化編輯器建立 Runbook 或任務流程,Runbook 可以執行各種操作,例如每五分鐘解析一支日誌檔,若發現嚴重錯誤時就向管理員發送警報。如果是利用雲端資源的重複性任務,且能以 PowerShell 編寫腳本,就很適合將它就自動化。

雖然 Azure 自動化是一項具有諸多功能的複雜服務,但資安人員特別關注兩個組件:**資產**(asset)和**混合式背景工作角色**(Hybrid Worker)。自動化資產是使用者可用在 Azure 保存機密資料的另一個處所,類似金鑰保存庫;背景工作角色允許 Runbook 使用公司內部資源來執行任務,這與第 6 章介紹的網路橋接技術不同。

## 取得自動化服務的資產

長期從事系統管理工作的人,幾乎都會寫些腳本來讓乏味的工作更有效率,就算沒有幾百支,也該有幾十支吧!雖然不同的作者、組織和平台,使用的腳本可能存在很大差異,但幾乎每支腳本都會有變數和輸入資料,通常包括執行操作的帳戶、要處理的系統及保存輸出結果的地方。

Azure 自動化服務需要允許此類輸入，Runbook 可提供必要的功能，這與傳統腳本不同，Runbook 是由 Azure 執行，而不是使用者從命令列啟動，為了彌補這一落差，Azure 可以讓使用者在自動化服務裡宣告及儲存變數、身分憑據（credential，中文版 Azure 翻譯成認證）、連線和憑證（這些統稱為資產），Runbook 可以引用這些資產，但並非僅限某一 Runbook 使用，而是自動化帳戶中的所有 Runbook 共用。訂用帳戶或許會建立多個自動化帳戶，但自動化帳戶之間並不會彼此分享資產。

且讓我們逐一討論這四種資產類別，它們雖相似卻仍有些細微差別：

## 變數

在定義變數時，開發人員指定名稱、資料類型、值和一組選用的說明，並指定自動化服務是否以加密形式儲存變數值，變數的資料類型可以是：字串（String）、布林（Boolean）、日期時間（DateTime）、整數（Integer）或未指定（Not Specified）。如果啟用加密旗標，則 Azure 入口網將不會顯示該變數的資料類型，而在值的欄位則顯示星號（*），但是 Runbook 需要能夠使用該變數值，因此，不管其加密狀態為何，使用者可以在 Runbook 裡使用 Get-AutomationVariable 命令顯示變數內容。

## 連線

連線是 Runbook 用來登入 Azure 訂用帳戶，使用者可以使用 Get-AutomationConnection 命令讀取連線，它會回傳雜湊表，其中包含下列索引鍵所帶的值：SubscriptionId（訂用帳戶識別碼）、

ApplicationId（應用程式識別碼）、TenantId（租用戶識別碼）和 CertificateThumbprint（憑證指紋），這些值會在後續呼叫 Add-AzureRMAccount 連接到訂用帳戶時使用，連線物件本身不包含任何機密資料。

## 身分憑據

在 Azure 自動化服務，身分憑據儲存在 PSCredential 物件，PSCredential 由物件名稱、使用者名稱（帳號）、密碼和選用說明所組成，就像加密的變數，身分憑據在 Azure 入口網是以加密形式保護其密碼，就算使用 Get-AutomationPSCredential 命令取得身分憑據之後，Azure 也不會顯示密碼值，因為它希望開發人員將整個回傳的 PSCredential 物件傳給需要此帳戶的系統，但使用者可以呼叫 PSCredential 物件的 GetNetworkCredential 函式顯示密碼和帳號。

## 憑證

使用者可以將 .cer（僅公鑰）或 .pfx（公鑰和私鑰）型式的 X.509 憑證上傳到 Azure 自動化服務，在建立自動化帳戶時，Azure 自動提供兩個分別用於管理 ASM 和 ARM 資源的憑證填入憑證存放區，即 AzureClassicRunAsCertificate 和 AzureRunAsCertificate，如果不想使用這些憑證，使用者可以從自動化帳戶的憑證資源池將它們刪除，因為這些憑證有助於在 Azure 中完成任務，讀者應該期望在找到的自動化帳戶中都能看到這些憑證，雖然使用者可以因某種目的而上傳憑證，但自動化服務的憑證一般是和管理其他 Azure

資源的連線一起使用，我們可以使用 Get-AutomationCertificate 命令來讀取憑證的細節、公鑰和私鑰（若有）。

使用剛剛提過的命令和函式，可以建立一個 Runbook 來收集資產內容，將有助於進一步滲透到使用者端環境。首先登入 Azure 入口網，再從服務清單選擇**自動化帳戶**，在自動化帳戶頁面檢查是否已存在自動化帳戶，如圖 7-3 所示。

**圖 7-3**：Azure 自動化帳戶清單

如果沒有任何帳戶，表示此訂用帳戶不使用自動化服務，可以略過這部分的測試；若列出多個帳戶，需要對每個帳戶執行這裡介紹的步驟。點擊自動化帳戶的名稱，將它開啟，應該看到類似於圖 7-4 的畫面。

顯示特定帳戶後，可以在畫面上尋找自動化服務的使用方式，選擇 Runbook 項查看腳本的名稱，若發現有趣的腳本，就點擊它，開啟後點擊工具欄的「編輯」鈕查看程式碼，注意，只要看就好，不要修改也不要儲存。還可以分別點擊圖 7-4 該自動化帳戶左側「共用資源」

區底下的各個項目，查看有哪些可用的資產，但 Azure 不會顯示任何
機密值。

為了顯示所有資產（包括密碼、加密的變數和憑證私鑰），請點擊
「Runbook」，再點擊上方工具欄的「加入 Runbook」鈕，出現選單
後選擇「建立新的 Runbook」項，接著指定 Runbook 的名稱及選擇
PowerShell 做為 Runbook 類型。最後，點擊「建立」。

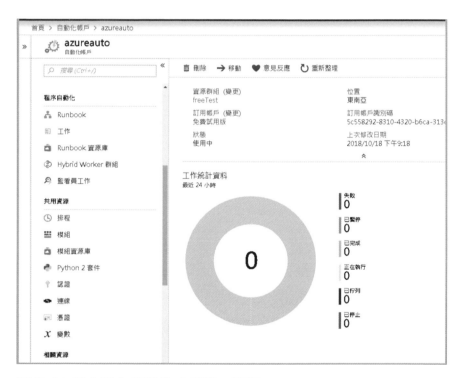

**圖 7-4**：某自動化帳戶的「概觀」頁面

建立後會出現空白的 Runbook，在它左側的樹狀結構提供實用的
PowerShell 命令、別的 Runbook，以及最重要的可用資產清單，展開
所有資產物件，如圖 7-5 所示。

**圖 7-5**：Runbook 可用的資產清單

每項資產看起都很有趣，可以點擊資產名稱右邊的刪節號（…），然後選擇「加入畫布」，就會將這項資產加到 Runbook 的程式碼中，對於變數和連線，這樣就足以顯示元素的有趣部分，但對於身分憑據和憑證，還需要增加一些額外的程式碼才有辦法取得密碼和私鑰。

為了取得密碼，將 Get-AutomationPSCredential 的憑證輸出儲存到變數，再用 GetNetworkCredential() 取得帳號（使用者名稱）和密碼值，程式碼如下所示：

```
$cred = Get-AutomationPSCredential -Name 'credential_name'
$cred.GetNetworkCredential().username
$cred.GetNetworkCredential().password
```

在尋找憑證時，筆者傾向於顯示憑證的名稱和指紋，並以 XML 格式顯示公鑰和私鑰，這樣可以將憑證匯入另一個系統，以便在 Azure 之外使用，為此，請將下列程式碼加入 Runbook 中

```
❶ $cert = Get-AutomationCertificate -Name 'certificate_name'
❷ $cert
❸ $cert.PrivateKey.ToXmlString($true)
❹ $cert.PublicKey.Key.ToXmlString($false)
```

這段程式碼會將憑證物件儲存到變數 ❶、顯示其指紋和憑證主體 ❷、以 XML 格式輸出憑證的私鑰 ❸ 和公鑰 ❹。圖 7-6 是可以執行的完整 Runbook 內容。

圖 7-6：已完成的讀取資產之 Runbook 程式碼

若對 Runbook 的程式碼感到滿意,請點擊「儲存」鈕。再來點擊「測試窗格」,這時會開啟新的頁面,可以點擊「啟動」鈕執行此 Runbook,執行完成後,任何輸出都以白色文字顯示,如圖 7-7 所示。如果執行過程有任何異常,錯誤訊息會以紅色文字顯示在輸出區域裡。

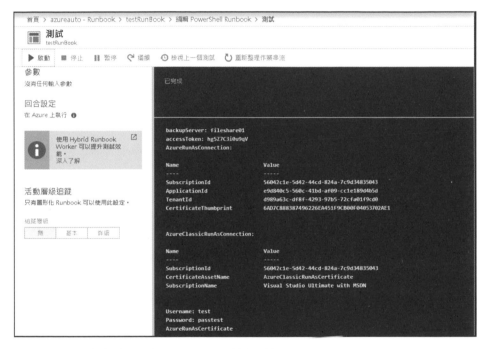

**圖 7-7**:有輸出結果的 Runbook 測試窗格

在圖 7-7 的「測試窗格」可看到 Runbook 已執行完成,並輸出你請求的變數值、連線資訊、身分憑據的帳號和密碼、憑證細節及公鑰與私鑰,之後,可以利用這些資訊跳轉到之前無法存取的訂用帳戶、服務或系統。

# 混合式背景工作角色

除了能夠在雲端自動執行任務外，Azure 自動化服務還能在公司網路執行任務，Azure 提供一個管理員可以在公司系統上安裝的套件，之後，這些機器就成為接收 Azure 自動化服務命令並在公司內部執行的**混合式背景工作角色（Hybrid Worker，以下簡稱背景工作角色）**，類似第 6 章介紹的網路橋接技術，但網路橋接是為了在公司和雲端之間移動資料而設計，背景工作角色則用於向公司系統發送管理命令。

## 背景工作角色的作業方式[譯註 3]

要建立背景工作角色並非易事，管理員必須先從 Azure Log Analytics 工作區的「存取控制 (IAM)」建立此使用者的角色（擁有者或參與者），再於充當背景工作角色的公司電腦上，以管理員身份啟開 PowerShell 視窗，執行下列命令安裝 *New-OnPremiseHybridWorker*：

```
PS C:\>Install-Script -Name New-OnPremiseHybridWorker
```

---

譯註 3　Azure 還算是新興的服務，功能不斷增加及調整，原書在本小節內容已和現行作業不一致，譯者本諸原書精神，改寫本小節文字，若造成讀者困擾，尚請見諒。

---

## 譯者補充

上列命令主要是在電腦上安裝 AzureAutomation 代理程式及所需的 PowerShell 模組，只需執行一次即可。

上列命令在按下 Enter 鍵後，PowerShell 很快就再次出現提示符號，以接受新的命令，不要因這樣就以為 *New-OnPremiseHybridWorker* 已經安裝完成，實際還有一些背景任務要處理，必須等待一段時間才會真正完成。如何判斷命令已真正執行完成？請查看「*C:\Program Files\Microsoft Monitoring Agent\Agent\AzureAutomation\*」目錄是已否建立完成，該目錄建立完成，才表示 New-OnPremiseHybridWorker 已順利安裝。

---

待 New-OnPremiseHybridWorker 安裝完成後，再繼續執行下列命令安裝 Windows 的背景工作角色，將這部電腦加到特定的自動化帳戶中。

```
cd "C:\Program Files\Microsofl Monitoring Agent\Agent\AzureAutomation\
   <版本號> ❶ \HybridRegistration\"
Import-Module .\HybridRegistration.psd1
Add-HybridRunbookWorker –GroupName< 資源群組名稱 > ❷ -EndPoint <URL> ❸ -Token
   < 主要存取金鑰 > ❹
```

< 版本號 > ❶ 是安裝 *New-OnPremiseHybridWorker* 後所建立的 AzureAutomation 之版本，由於微軟會不斷發行新版本，讀者應依實際安裝的版本修正；< 資源群組名稱 > ❷ 是指配置背景工作角色的自動化帳戶隸屬之資源群組名稱，此項資訊可從該自動化帳戶資源頁的

「概觀」區頁面之「資源群組」欄取得；*<URL>* ❸ 是該自動化帳戶的
資源位址，*<主要存取金鑰>* ❹ 是存取該自動化帳戶所需的身分驗證
金鑰，這兩項資訊可分別從該自動化帳戶資源頁「帳戶設定」區「索
引鍵」（或「金鑰」）頁面之「URL」及「主要存取金鑰」欄取得。

---

**NOTE**

以譯者的環境，上面三條命令的完整型式如下：

```
cd "C:\Program Files\Microsoft Monitoring Agent\Agent\AzureAutomation\
7.3.273.0\HybridRegistration\"
Import-Module .\HybridRegistration.psd1
Add-HybridRunbookWorker –Url https://sea-agentservice-prod-1.azure-
automation.net/accounts/45fca5be-02ee-4b58-8fe7-93da21786ca4 -Key
FhXH4ZJ5UEF0PodNWxp6MXKQvpl7r6DETyYwZNDaG43pGFN8gOUIgOIMeNBK6cRg7
o9WUqqQEWMNQP3aCKYR+Q== -GroupName freeTest
```

本書系以 Windows 10 為例，詳細部署說明或想在 Linux 上部署，請
參考下列網址：

*https://docs.microsoft.com/zh-tw/azure/automation/automation-windows-
hrw-install*，
或使用短網址 *https://goo.gl/3SnnfZ*

---

日後如不再需要此背景工作角色時，可用下列命令將它從自動化帳戶
移出：

---

```
Remove-HybridRunbookWorker -url <URL> ❶ -key < 主要存取金鑰 > ❷ -machineName
< 背景工作角色名稱 > ❸
```

---

*<URL>* ❶ 及 < 主要存取金鑰 > ❷ 跟上面加入背景工作角色的命令使用的參數是一致的；< 背景工作角色名稱 > ❸ 則是背景工作角色的電腦名稱，可以從它所加入的自動化帳戶中找到，點擊圖 7-8 左方的 Hybrid Worker 項即可看到。

滲透測試時不見得能在每個自動化帳戶中找到背景工作角色，但如果能找到一個，就可以利用它，對滲透測試人員來說是個好消息，背景工作角色通常是線上系統，並且可以存取公司網路的帳戶和系統。

代理程式安裝完成後，背景工作角色藉由執行*系統中心管理服務*（SCMS）程式（名為 MonitoringHost.exe），透過 HTTPS 輪詢 azure-automation.net 伺服器來尋找任務，找到任務後，它會產生 Orchestrator.Sandbox.exe 的執行個體，然後執行 Runbook 腳本，如果有需要，Orchestrator.Sandbox.exe 可能會啟動 conhost.exe 程序來執行非 PowerShell 命令，預設這些程序都以「NT AUTHORITY\SYSTEM」的帳號運行，也就是說做為背景工作角色的 Runbook 對本機系統具有管理權限，但不會自動賦予存取網域上其他系統的權限，

現在輪到身分憑據資產了，這是儲存在 Azure 自動化服務中供 Runbook 使用的資產，如果 Runbook 需要存取公司網域上的其他系統，例如從共享資料夾複製檔案，就需要使用具備這種權限的帳號，Runbook 開發人員可以在腳本中利用 Get-AutomationPSCredential 命令直接使用身分憑據，也可以設定背景工作角色在身分憑據資產的環境中執行所有腳本。無論哪種方式，開發人員都必須將身分憑據儲存在自動化帳戶中。

## 尋找背景工作角色

要找出自動化帳戶是否包含背景工作角色並不難，在 Azure 入口網開啟某個自動化帳戶執行個體，然後點擊該帳戶功能清單中的「Hybrid worker 群組」，可能會出現一個或多個工作者群組，每個群組是一個或多個可執行任務的背景工作角色集合，要查看某個群組中有哪些電腦，請點擊群組名稱將它開啟，如圖 7-8 即為 freeTest 群組的內容。

**圖 7-8**：背景工作角色群組的頁面

從這個頁面中央的 Hybrid Worker 大圖示可看出 freeTest 群組內有三部電腦加入背景工作角色。如要查看是哪些電腦，可以點擊頁面左方的 Hybrid Worker 項目或畫面中央的 Hybrid Worker 大圖示，可看到該群組內各個工作者的名稱清單。也可以點擊「Hybrid worker 群組設

定」查看此群組的工作者是以預設的本機系統（Local System）帳號
在執行，或者自訂的使用者身分憑據資產執行，如圖 7-9 所示。從這
裡的設定可得知群組中的所有背景工作角色都是使用相同的自訂權限
在執行。

**圖 7-9**：從 Hybrid worker 群組設定看到它是以自訂的身分憑據在運行

## 使用背景工作角色

當找到擁有背景工作角色的自動化帳戶時，筆者會好奇能拿它做什
麼，如果讀者是利用自動化服務做為網路進入點的外部人員，也許不
曉得能夠存取哪些背景工作角色伺服器或身分憑據資產，最好是從查
看帳戶裡的 Runbook 開始行動，如此便能了解訂用帳戶如何使用自動
化服務，並知道至少這些系統可以搭配身分憑據資產使用。為此，請
在 Azure 入口網的自動化帳戶中選擇 Runbook 項目，然後選擇任何一
筆 Runbook，在此 Runbook 的「概觀」頁之工具欄點擊「編輯」按
鈕，將會顯示它的原始碼。

在自動化帳戶的頁面上，可能還需要查看「活動記錄」和「排程」項。「活動記錄」可查看最近執行的所有作業，以及有誰對 Runbook、Hybrid Worker 群組或資產進行任何更改。「排程」可顯示即將執行的 Runbook，當打算修改現有的 Runbook 或想要知道接下來將執行哪個 Runbook，這項資訊就非常有用。

了解自動化帳戶後，可以建立或修改 Runbook 以取得 Hybrid Worker 上執行的程式碼，請依照上一節「取得自動化服務的資產」介紹的步驟建立一支 Runbook，底下的程式碼很適合做為初次撰寫 Runbook 的測試使用：

```
Write-Output "Hybrid Worker Computer Name: $env:COMPUTERNAME"
# Write-Output "Worker running as: $(whoami)"   # 這一條命令用在 Linux 系統
Write-Output "Worker running as: $env:UserName" # 這一條命令用在 Windows 系統
Write-Output $host
```

此 Runbook 會顯示被指派任務的背景工作角色名稱、執行此腳本的帳號及主機程序的資訊。

當撰寫完成並儲存後，開啟「測試窗格」後會在「回合設定」看到「執行於」的選項，請選擇 Hybrid Worker，而不是 Azure，然後從「選擇 Hybrid Worker 群組」下拉選單中選擇要執行此程式碼的群組，我們無法為 Runbook 選擇特定的工作者，自動化服務會依照它的排程管理員指派任務，點擊「啟動」後，任務將發送給工作者，結果會顯示在「測試窗格」，就像 Runbook 在 Azure 上執行時一樣，如圖 7-10 所示。

圖 **7-10**：在 Hybrid Worker 上完成 Runbook 執行

到這裡已經有理想的滲透測試佈局，擁有可從外部存取內部私有網路的進入點、該網路的身分憑據及現成的腳本做為測試的起點，讀者可以使用自己喜歡的 PowerShell 命令進行後續攻擊、探索網路、跳轉到其他系統，以及收集戰利品等等。

# 結語

本章探討 Azure 獨特的三種服務：金鑰保存庫、Web 應用程式和 Azure 自動化服務，每項服務都為資安人員帶來挑戰和機會。金鑰保存庫可以解決測試人員找出的諸多缺失，但未能正確設定，也可能為自己帶來問題；Web 應用程式讓開發和部署新網站變得輕鬆，但存在一些身分憑據管理上的風險；雖然 Azure 自動化服務不易研究，但從安全角度來

看,處理有趣組件的手法與我們看過的其他 Azure 服務有相似概念,例如和金鑰保存庫、服務匯流排有著類似的風險與威脅模型。

下一章將改變方向,研究 Azure 用來偵測和警報非法活動的安全監控功能。

# 監控、日誌 和警報

# 8

滲透測試人員存在一個相互矛盾的論點，為了測試，經常希望能夠規避偵測，同時又希望防禦方能阻擋我們前進。一位攻擊型的資安人員不僅要找到並說明客戶系統中的漏洞，還要幫助那些負責監控和保護企業的人可以完成更好的防禦，滲透測試可以協助確認防禦方的規則和警報系統不足之處，以便在面對真正攻擊時能有萬全準備及犀利的應付之道。

前面幾章是介紹滲透測試的技巧和工具，本書最後一章轉換不同主題，將探討防禦方應該注意的監控工具、日誌和警報，以便偵測接下來要介紹的攻擊活動類型，如果藍隊（防禦方）正使用這些資源，攻擊者想要有所進展而不被發現和驅逐就會變更加困難。

首先介紹 Azure 資訊安全中心（ASC），它是 Azure 的一項服務，可以統合不同服務和系統的資安事件和提供應變建議；接著探討**維運管理套裝軟體**（OMS），它收集事件並集中化管理 Azure、企業網路和其他雲端供應商的系統；再來會說明 Secure DevOps Kit（安全的開發維運套件），是用來保護訂用帳戶的腳本套件，可以啟用重要警報及提供持續性保證；最後來看看如何在管理工具之外收集 Azure 服務日誌。

# Azure 資訊安全中心

Azure 資訊安全中心（ASC）是 Azure 提供的一種服務，將關鍵資安訊息濃縮到單一頁面，藉由統合這些資料，管理員不需要有 24 小時的安全人員支援，即可快速檢視服務的安全性，團隊中的防禦人員能夠負責更多的訂用帳戶，讓其他員工有更多時間從事別的重要業務，若滲透測試人員發現訂用帳戶沒有啟用 Azure 資訊安全中心，就可以記上一筆缺失。

在以前只能處理 Azure 服務的安全事件，但自 2017 年後期，資訊安全中心開始接受來自非 Azure 系統的事件，合稱為**混合型安全性**，提供 Azure 資訊安全中心的付費服務層之客戶使用，Azure 資訊安全中心分析匯入 OMS 工作區的外部系統日誌，這部分請參考後面介紹的「建立 OMS」小節。

資訊安全中心有兩項主要功能：**偵測**和**預防**。偵測功能會標記可能不利於訂用資源的非法活動，而預防功能則檢查服務組態，找出不當的安全控制。且讓我們進一步研究。

## 利用資訊安全中心的偵測功能

對任何防禦人員來說，威脅偵測和警報是最主要的需求，資訊安全中心藉由檢查日誌及在虛擬機（VM）安裝小型監視代理程式來監控 VM 和 SQL 資料庫，當偵測到異常時，會在 Azure 入口網的「資訊安全中心」頁面產生警報，如圖 8-1 所示。也可以選擇將警報以電子郵件寄送指定的資安聯絡人或訂用帳戶擁有者。

**NOTE**

只有付費（標準）層的資訊安全中心客戶可以啟用威脅偵測功能，資訊安全中心根據訂用帳戶的 VM 和資料庫數量按月收費，資訊安全中心的付費分層屬於訂用帳戶層級，因此無法選擇哪些資源要放入或移出此服務，如果希望對正式環境的作業執行威脅偵測，但不打算為測試系統支付資訊安全中心的費用，請考慮將這兩種資源分成兩個訂用帳戶，一個使用付費層的資訊安全中心，另一個使用免費版，理想情況下，資訊安全中心需要監控所有節點，但安全建議經常要和現實的預算競爭。

**圖 8-1**：Azure 資訊安全中心主頁面

資訊安全中心會針對各種威脅發出警報，從主機到網路事件。以下是一些常用警報：

- 嘗試暴力登入遠端桌面。

- 嘗試暴力登入 SSH 命令環境。

- 存在名稱和已知惡意軟體相符的二進制檔案。

- 執行符合已知惡意軟體特徵的程式。

- 程式打算執行可疑的操作時（利用啟發式判斷）。

- 嘗試對資料庫執行 SQL 資料隱碼注入（SQL injection）。

除了提示觸發警報的資源外，資訊安全中心還提供有關事件的詳細資訊和解決問題的建議，如圖 8-2 所示，在這裡，管理員可以看到可疑

的來源、來源位置、受攻擊的資源、為何被判定為危險，以及建議的
補救措施，當然這些警報內容會因威脅類型不同而有不同欄位，不是
每份警報都和圖 8-2 一樣。

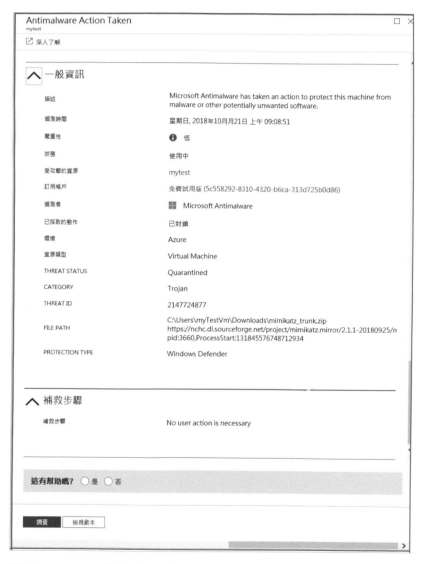

**圖 8-2**：Azure 資訊安全中心的偵測警報

在雲端運行服務，一個經常被忽視的安全優勢是雲端供應商可以監控其所有服務，他們可以利用這些資訊更精準地偵測對客戶資源的威脅。例如微軟會追蹤已知網路犯罪組織的 IP 位址，並監控 Azure VM 發往這些組織的出站流量，以便偵測攻擊者的指揮和控制命令，借助 Azure 資訊安全中心，隨著新的駭客攻擊和偵測技術出現，微軟可以隨時增加新的警報，而這些更新會立即對 Azure 客戶生效，客戶無需額外建置程序。

## 利用資訊安全中心的預防能力

除了警報外，資訊安全中心還為許多服務主動提供安全建議，這些建議並不能取代適當的規劃、威脅建模和安全評估，但是可以做為消除常見安全失誤的預防性提醒，資訊安全中心的免費和付費層都會提供預防建議。

例如，資訊安全中心會檢查 VM 是否已完全修補且啟用端點保護軟體，還建議在 VM 啟用 Azure 磁碟加密，以防範第 5 章介紹的離線 VHD 分析攻擊，除了 VM，資訊安全中心也會檢查 Azure SQL 資料庫和儲存體帳戶是否啟用加密機制來保護靜態資料，如圖 8-3 所示。

**圖 8-3**：Azure 資訊安全中心針對 SQL 和儲存體的建議

此外，預防性警報可以協助確保安全性不會隨著部署新資源或維護現行服務而減弱，如果管理員忽略了 VM 而未正常安裝修補程式，Azure 資訊安全中心主頁面的**計算及應用程式**狀態會隨著警報而變為紅色，很明顯就能注意到，若工程師為了進行故障排除而暫時停用防火牆，也會觸發警報。但也許最重要的，如果 Azure 新增一項客戶之前沒有使用的安全功能，資訊安全中心會提醒客戶，表示他們的服務不再受到完整保護，鑑於 Azure 更新頻率頻繁，要完全符合最新的最佳實踐典範並不容易，但 Azure 資訊安全中心可以幫助管理員完成此任務。

如果在滲透測試期間發現未經修補的預防性警報，應該與客戶討論。客戶可能會提出下列辯解：

* 他們並不擔心或者沒有時間查看資訊安全中心的內容。

* 他們認為特定警報並不重要或不適用，或者已利用其他控制措施解決問題。

- 他們覺得解決警報的代價太昂貴，或者修復方式與部署的系統不相容。

- 他們認為是 Azure 誤報。

需要深入溝通，了解上述情況的真實性，如果客戶完全忽視資訊安全中心，筆者擔心他們沒有正確規劃安全性的優先等級，資訊安全中心是市面上比較容易使用的安全工具之一，應該善加利用，客戶若認為已經用其他方式解決警報，則應確認修復方式已解決警報所隱含的威脅，如果客戶因成本效益評估，認為解決警報所標記的風險之成本過於昂貴，則再討論的空間就不多了，但在這種情況下，請確保客戶真正了解他們所接受的威脅之真正本質。

最後，如果是誤報，請告訴客戶可以點擊該警報右方的刪節號（…），選擇「關閉」來隱藏警報，也可以前往資訊安全中心，選擇安全性原則，再選擇某一訂用帳戶名稱，然後將規則集切換為「關閉」來停用該訂用帳戶的整個類別之防護策略。但是，客戶若真的百分之百確認這是誤報，可考慮向微軟提交回饋建議。到目前為止，筆者還沒有遇到資訊安全中心的防禦性規則出現真正的誤報。

# 維運管理套裝軟體

Azure 資訊安全中心是給 IT 管理員使用，提供與所使用的服務有關之安全問題，雖然從一個頁面觀看所有威脅摘要非常實用，但也意味資安團隊需從別的地方查看與安全無關的事件，或執行與安全無關的管理任務，為了解決跨多環境管理機制的難題，微軟提供**維運管理套裝**

軟體（OMS），這是一個雲端平台，可以統合公司內部和雲端託管的系統和服務之日誌、警報和自動化。

> **NOTE**
>
> 微軟已經將許多原本屬 OMS 獨有的安全功能加到 Azure 資訊安全中心，包括查詢 Azure 外部系統日誌的功能，讓防禦人員能夠由單個刀鋒頁（Blade）來監控整個環境，但是，這些功能仍然能從 OMS 存取，而且 OMS 與 Azure 都使用相同的 OMS 工作區。[譯註 1]

OMS 允許使用者啟用各種解決方案或模組來提供特定功能，其中一個核心方案是安全性和符合性，它可以監控主機的反惡意軟體服務之狀態、系統威脅和修補層級。OMS 還有其他可以提高安全意識的方案，例如檢查活動目錄（AD）執行狀況、分析 Azure 網路安全性群組（NSG）、評估 SQL 伺服器和分析金鑰保存庫。OMS 還擁有與安全無關的其他方案，例如第 7 章所介紹用於開啟 Azure 自動化帳戶的背景工作角色之自動化組件。[譯註 1]

## 建立 OMS [譯註 2]

由於 OMS 是統合管理多個系統環境，因此需要進行一些設置，要使用 OMS 監視服務，請執行下列步驟：

---

譯註 1　微軟計畫在 2019 年 1 月 15 日淘汰 OMS，屆時所有 OMS 功能都將移往 Azure，譯者已對本節內容酌作調整，以符合目前環境的作業模式。

譯註 2　由於微軟已逐漸將 OMS 整合到 Azure，故譯者按目前情況酌為改寫本節內容，若造成讀者困擾，尚請見諒。

1. 在 Azure 建立 Log Analytics 服務（即為 OMS 的工作區）。

2. 在 Azure 開啟解決方案數服務，在此新增解決方案，並指定 OMS 工作區。

3. 開啟上面已建立的 Log Analytics 服務執行個體，點擊左方選單的解決方案數，可看到此 Log Analytics 的解決方案清單。

4. 在要監視的任何非 Azure 伺服器上安裝代理程式。

首先，管理員要建立一個 OMS 工作區，在 OMS 裡，該工作區相當於 Azure 訂用帳戶。多位使用者可以共用此工作區，如果想要將不同系統的管理分由不同人或群組負責，可以選擇建立多個工作區。

其次，管理員需要將解決方案加到工作區（在 Azure 是 Log Analytics 服務）裡，每個解決方案代表 Log Analytics 可以使用的不同日誌、代理或服務，在訂用帳戶中，有一個方案庫（稱為 Management Tools），包含許多可用的解決方案，使用者可以點擊想要的解決方案，就可以看到細部說明及租用費用（也有免費的），如果有需要，可以在工作區中建立此解決方案，每個工作區可以包含多個解決方案。圖 8-4 的上方截圖是 OMS 入口網的方案庫、下方截圖是 Azure 裡的方案庫，圖中只顯示方案庫裡的部分商品。重申，微軟已逐漸將 OMS 入口網的功能整合到 Azure，建議從 Azure 建立解決方案。

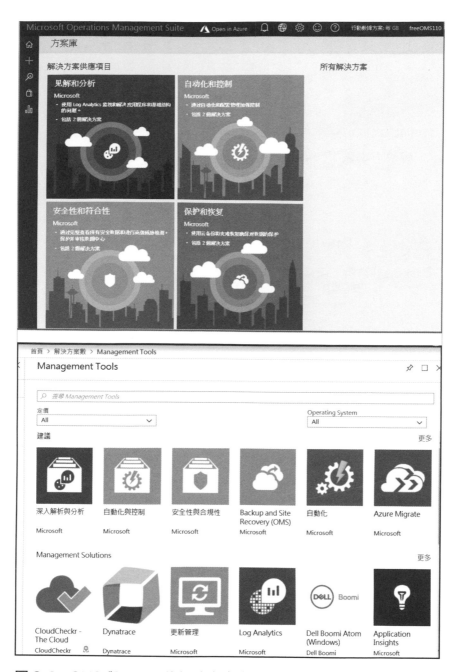

**圖 8-4**：OMS 與 Azure 的解決方案庫

再來是將服務日誌轉發到 OMS，以便讓管理員可以啟用與 Azure 有關的解決方案，OMS 必須要能存取日誌才能進行分析，但 Azure 的日誌不會自動提供給 OMS，需要由同時具有 Azure 訂用帳戶和 OMS 工作區權限的管理員，由 Azure 入口網登入後，將欲由 OMS 管理的每個資源個別啟用日誌轉發，在第一次配置 OMS 時可能會覺得有些繁瑣、乏味，但它可以讓管理員從訂用帳戶中選擇監控個別的服務執行個體，避免資料過度分享，並讓不同的服務日誌可發送到不同的工作區（例如，測試環境的服務日誌送到某個工作區，而正式環境的日誌則送到另一個工作區），讓 OMS 不會被客戶不打算追蹤的資源日誌糾纏不清。

要將 Azure 的服務日誌轉發給 OMS 分析，請執行下列步驟：

1. 從 Azure 中找到欲啟用 OMS 解決方案的服務。

2. 選擇此服務的執行個體，然後從左方選項選擇「診斷日誌」或「診斷日誌檔」。

3. 如果此服務尚未啟用診斷日誌，請先將它啟用。

4. 為此診斷日誌指定名稱，名稱可以自定，但建議使用資源名稱。

5. 勾選「傳送至 Log Analytics」檢核框。

6. 點擊「Log Analytics 設定」區塊，會在畫面右方開啟 OMS 工作區清單的刀鋒頁，請選擇其中一工作區或新建工作區。（註：這些 OMS 工作區其實就是 Azure 的 Log Analytics 服務）

7. 勾選要被收集傳送的日誌類型，例如 Audit 或 NetworkSecurityGroupEvent 日誌，日誌類型會因不同的服務而有差異，請依實際需要勾選。

8. 最後點擊頁面上方工具欄的「儲存」鈕，完成轉發設定。

至此，日誌應該會流向 OMS，在延遲一小段時間後，OMS 將開始分析並顯示結果。圖 8-5 是金鑰保存庫啟用日誌轉發到 OMS 的例子。

**圖 8-5**：啟用金鑰保存庫的 Log Analytics

最後一步是設定 OMS 工作區接收非 Azure 系統的資料，包括公司內部的伺服器和其他雲端平台運行的 VM，對於這些系統，Azure 提供 Windows 和 Linux 的代理服務程式，透過代理服務將相關資料轉發給 Azure 分析和產生警報。OMS 的使用者可點擊 OMS 的「設定」圖示，再從「Connected Sources」（連線來源）項目內的 Windows Servers 或 Linux Servers 類型下載代理程式，在下載頁面還提供「工作區 ID」和「主要金鑰」，這些資料是在安裝代理程式時，用以指示日誌的正確傳送對象（工作區）。譯註 3

除代理程式外，還可以從該頁面底部看到「下載 OMS 閘道器」鏈結，對於內部網路環境中受限制、無網際網路出站權限的伺服器，可透過此閘道器讓代理程式將伺服器的日誌轉發到中央閘道器，再由中央閘道器將日誌傳遞給 OMS。有關這種 OMS 連線需求的詳細資訊可參考下列網頁：

*https://docs.microsoft.com/zh-tw/azure/log-analytics/log-analytics-oms-gateway/*，
或使用短網址 *https://goo.gl/EhUSS2*

## 檢視 OMS 裡的警報

一旦設定完成並開始接收日誌資料，OMS 會在工作區首頁顯示日誌狀態，這裡適合顯示正在監視多少主機，但對於事件追蹤就力有未逮，為此，OMS 還提供：我的儀表板（My Dashboard）和記錄檔搜尋（Log Search）功能。

---

譯註 3　上段所述的代理程式亦可由 Azure 下載，請選擇與 OMS 工作區對應的 Log Analytics 執行個體，再點擊頁面左方的「進階設定」，接下來的處理步驟和上段相同。

我的儀表板可以讓使用者從解決方案中將可用的度量基準加到儀表板上，也可以重新排列及選擇不同的圖形視覺來呈現資料，例如長條圖、折線圖或數字計數，透過這種方式，OMS 使用者可以判斷哪些事件是重要的，除了查看入口網中的相關資料，還可以使用 OMS 的「檢視表設計工具」建立多組儀表板或與其他人員分享儀表板。

使用者可以利用**記錄檔搜尋**頁查找所有傳入 OMS 工作區的資料集合內之特定事件，它是使用微軟的 Azure Log Analytics 查詢語言，可讓使用者以**資源**、**事件類型**、**時間範圍**、**平台**及其他條件進行查詢，對於不打算為此而學習新語言的使用者，OMS 在查詢結果的左邊提供一些篩選項目，可進一步控制資料範圍，就像消費者在購物網站篩選商品屬性一樣，一開始可以先用**通配字元**（＊）顯示所有紀錄，再透過圖形化界面進一步篩選，如圖 8-6 所示。

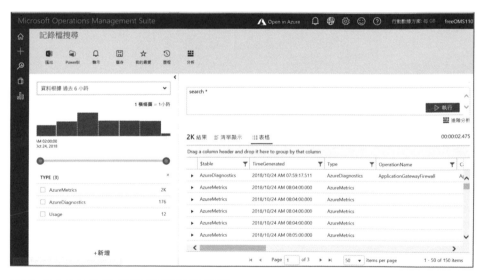

**圖 8-6**：OMS 的記錄檔搜尋和篩選

> **NOTE**
>
> 在 Azure 的資訊安全中心從左方選單點擊「搜尋」項，也可以在 Azure
> 中使用記錄檔搜尋功能（稱為「記錄 ( 傳統 )」），OMS 和資訊安全中
> 心都使用相同的工作區和事件，也使用相同的查詢語言，因此，不管從
> OMS 或 Azure 使用記錄檔搜尋，應該都會得到相同結果。

雖然 OMS 入口網是關注環境變化趨勢的好地方，但資安人員即使不
在螢幕前，也需要知道攻擊在何時發生，為此，OMS 能夠在特定事件
發生或度量指標超過閾值時執行某些動作，包括發送電子郵件、觸發
webhook 透過 API 調用其他服務，以及在 ServiceNow、System Center
Service Manager、Provance 及 Cherwell 等常見的資訊技術服務管理
（ITSM）系統建立工單。

要建立警示規則，OMS 使用者可以在記錄檔搜尋建立一條與警報所需
條件相符的查詢式，或者開啟儀表板上的圖表，然後點擊頂端工具欄
「警示」鈕開啟新增警示規則視窗，它會要求使用者到 Azure 執行相
關操作（圖 8-7 上方截圖），可以點擊「帶我前往 Azure 警示」開啟
Azure 的建立警示規則頁面，讓使用者設定警報的條件和應採取動作
（圖 8-7 下方截圖）。

圖 8-7：在 Azure 建立警示規則

使用者在建立規則時，可以指定警示的嚴重程度，還可以設置一段冷靜期，以防止不斷觸發規則，周遊在客製的儀表板、查詢和警報之間，使用者可以隨時得知所處環境所發生的事件，以及未來可能發展趨勢。

# 安全開發及維運套件

Secure DevOps Kit（安全開發及維運套件）是一組腳本，目的是協助開發人員以有效、一致的方式開啟關鍵安全控制，由於微軟的雲端安全團隊做了大量的研究和測試，促使微軟的 IT 部門開發出這組安全開發及維運套件，此套件以 PowerShell 撰寫，要執行此套件的電腦，必須事先安裝 Azure PowerShell 工具包，要取得此工具包，請開啟 PowerShell 視窗並執行下列命令：

```
PS C:\> Install-Module AzSK -Scope CurrentUser
```

工具包下載完成後，執行 Get-AzSKSubscriptionSecurityStatus 命令，並以 -SubscriptionId 參數指定訂用帳戶識別碼，它會檢查指定的訂用帳戶之屬性，例如訂用帳戶管理員的數量、尚未解決的 ASC 警報、傳統資源的使用情形、是否已為訂用帳戶指定資安聯絡人。清單 8-1 是針對某訂用帳戶執行 Get-AzSKSubscriptionSecurityStatus 的結果。

## 清單 8-1：*Secure DevOps Kit* 檢查訂用帳戶的安全組態

```
PS C:\> Get-AzSKSubscriptionSecurityStatus -SubscriptionId ID
================================================================================
Method Name: Get-AzSKSubscriptionSecurityStatus
Input Parameters:
Key             Value
---             -----
SubscriptionId ID
================================================================================
Running AzSK cmdlet using a generic (org-neutral) policy...
================================================================================
Starting analysis: [FeatureName: SubscriptionCore] [SubscriptionName: Sub] [SubscriptionId: ID]
--------------------------------------------------------------------------------
Checking: [SubscriptionCore]-[Minimize the number of admins/owners]
Checking: [SubscriptionCore]-[Justify all identities that are granted with admin/owner access]
Checking: [SubscriptionCore]-[Mandatory central accounts must be present on the subscription]
Checking: [SubscriptionCore]-[Deprecated/stale accounts must not be present]
Checking: [SubscriptionCore]-[Do not grant permissions to external accounts]
Checking: [SubscriptionCore]-[There should not be more than 2 classic administrators]
Checking: [SubscriptionCore]-[Use of management certificates is not permitted]
Checking: [SubscriptionCore]-[Azure Security Center (ASC) must be correctly configured]
Checking: [SubscriptionCore]-[Pending Azure Security Center (ASC) alerts must be resolved]
Checking: [SubscriptionCore]-[Service Principal Names should not be Owners or Contributors]
Checking: [SubscriptionCore]-[Critical resources should be protected using a resource lock]
Checking: [SubscriptionCore]-[ARM policies should be used to audit or deny certain activities]
Checking: [SubscriptionCore]-[Alerts must be configured for critical actions]
Checking: [SubscriptionCore]-[Do not use custom-defined RBAC roles]
Checking: [SubscriptionCore]-[Do not use any classics resources on a subscription]
Checking: [SubscriptionCore]-[Do not use any classic virtual machines on your subscription.]
Checking: [SubscriptionCore]-[Verify the list of public IP addresses on your subscription]
--------------------------------------------------------------------------------
Completed analysis:[FeatureName: SubscriptionCore] [SubscriptionName: Sub] [SubscriptionId: ID]
================================================================================
Summary Total Critical High Medium
------- ----- -------- ---- ------
Passed    7       1      3     3
Failed    8       0      5     3
Verify    2       0      1     1
```

```
Manual      1       0    1       0
Total      18       1   10       7
================================================================================
Status and detailed logs have been exported to path - AppData\Local\Microsoft\AzSKLogs\
================================================================================
```

執行時會列出測試的項目，最後顯示**通過**、**失敗**或需要**手動檢查**的數量，並提供輸出日誌的路徑，測試結果會記錄到 CSV 檔中，此檔案包含每個控件的通過 / 失敗狀態，以及可以符合要求的建議處理手段，例如未啟用嚴重警報通知，則會建議執行 Set-AzSKAlerts 來啟用。

接下來執行 `Get-AzSKAzureServicesSecurityStatus` 命令，此命令與上面的 `Get-AzSKAzureSubscriptionSecurityStatus` 類似，但不是檢查訂用帳戶的組態安全性，而是檢查訂用帳戶裡的每個服務之安全性，檢查結果也是輸出到螢幕和寫到 CSV 檔。

雖然 Azure 組態的一次性檢查是不錯的起點，但訂用帳戶及其服務很可能隨著時間而變得不那麼安全，若管理員不經意停用安全設定、部署的新資源未加入監控，或者 Azure 新增安全功能卻未套用到現有資源，就可能會發生安全性衰退的情況，為了因應這些情況，Secure DevOps Kit 還提供了 Continuous Assurance（持續保證）組件。

Continuous Assurance 使用 Azure 自動化服務建立一個 Runbook，每天對指定的資源群組進行一次安全性確認，檢查結果會儲存在 OMS 工作區，因此管理員可以隨時追蹤資源的安全狀態。要啟用 Continuous Assurance 請執行下列命令：

```
PS C:\> Install-AzSKContinuousAssurance -SubscriptionId ID -OMSWorkspaceId Workspace `
  -OMSSharedKey Key -ResourceGroupNames "Group1,Group2"
```

請確認指定已存在的 OMS 工作區（Log Analytics）及關聯的存取密鑰，還有欲監視的資源群組清單。命令執行完成後，自動化作業的結果需要幾個小時後才會出現在 OMS 工作區及安全資訊中心。

Secure DevOps Kit 提供的其他功能也可能會有所幫助，但還是要視客戶的環境而定，更多資訊請參閱 *https://github.com/azsk/DevOpsKit-docs/*。

# 客製化日誌處理方式

對於尋求微軟解決方案來管理和監控所使用的服務之客戶來說，OMS 和資訊安全中心都是不錯的選擇，但這些解決方案不見得適用每家客戶，有些企業可能希望將日誌整合到自家已使用的其他監控平台，以便將所有資訊存放在同一個地方，或者他們想以特有的方式應用這些服務，或者對業務所面臨的威脅與別人不一樣，並非其他商業產品可以處理的，必須以客製的方案解決；某些客戶可能想要監視 Azure 新發布的服務，而 OMS 對這些服務尚無對應的解決方案；或者法規有不同的監管要求，需要長期保留日誌資料。面對這些客戶需求，Azure 確實具有為大多數服務保存日誌的能力，通常就是保存在儲存體帳戶中。

服務日誌一般預設是關閉的，使用者必須在 Azure 入口網為每個服務啟用日誌記錄，這樣做是為了節省客戶的月租費，因為日誌會寫入儲存體帳戶，而它是按照磁碟空間的使用量計費。每個服務設定日誌記錄的位置不見得相同，對於使用 OMS 日誌轉發的服務，應該都是在「診斷記錄檔」或「診斷設定」頁面；對於其他服務，可能是在「診斷」（Diagnostics）、「警示」（Alerts）、「度量標準」（Metrics）、「日誌記錄」（Logging）或「活動日誌」（Activity Log）頁面。[譯註 4]

在大多數的設定頁面上，可勾選「匯出至儲存體帳戶」，一旦勾選，將顯示選取儲存體帳戶項目，點擊該項目，會出現選擇儲存體帳戶的刀鋒頁，它和替 OMS 設定 Log Analytics 很像，對於某些服務，如虛擬機，需要先在服務的「活動日誌」頁面查看日誌，再點擊「匯出至事件中樞」，然後選擇目標儲存體帳戶，如圖 8-8 所示。

將各種服務的日誌紀錄轉存到儲存體帳戶後，使用者可以透過 PowerShell、儲存體帳戶函式庫或第 4 章討論的各種儲存體帳戶之使用者端應用程式來檢索。雖然有些人習慣使用表格儲存體儲存資料紀錄，但多數服務是以純文字方式將日誌寫入 Blob 儲存體，遺憾的，並非所有服務的日誌都使用一致的格式，因此開發人員需要對感興趣的服務進行日誌剖析，再根據組織的需要建立客製的方案。

---

譯註 4　對於具有 OMS 日誌轉發的服務，都可以利用「診斷設定」服務來設定，它的功效與個別資源的「診斷記錄檔」或「診斷設定」頁是相同的，但方便我們統一設定。

**圖 8-8**：將 VM 的日誌匯出到 Azure 儲存體帳戶

滲透測試人員在執行操作的前後應該稍為檢視日誌內容，或利用新式
工具協助了解日誌內容及目前有多少活動被記錄和檢測，如果發現日
誌中的事件未在 Azure 資訊安全中心或 OMS 揭露，應該讓客戶了解
這個落差，並可以透過 *https://feedback.azure.com/* 或 Azure 入口網提
供的產品支援鏈結，將這個現象回報給微軟，如果客戶是微軟的尊榮
（Premier）客戶，可以透過他們的技術客服經理提交回饋意見。

# 結語

回顧本章客戶能替 Azure 安全事件設定警報的各種方法，以及稽核他們的資源以確保符合最佳典範要求。我們從 Azure 資訊安全中心談起，對於專注保護 Azure 的人來說，它是不錯的安全選項，能為各種 Azure 服務提供警報和處理建議。對於想要管理多種環境的用戶，我們介紹維運管理套裝軟體（OMS），它會為安全事件發出警報，但與資訊安全中心不同，它可以執行服務健康情形檢查、監視公司內部的伺服器，甚至自動管理伺服器上的任務。接著討論 Secure DevOps Kit 如何檢驗 Azure 訂用帳戶的關鍵安全組態是否妥適。最後探討開發人員如何手動查看或利用客製管理工具從 Azure 檢索日誌。

感謝讀者伴我漫步在雲端，願你在執行滲透測試契約過程合法、愉快、受到讚賞，而且越來越有深度。

# 詞彙清單

在 討論雲端服務時，可能會常遇到下列術語，這些術語有時令人摸不著頭緒，甚至因人而有不同見解，為維持本書閱讀的一貫性，特整理說明如下。

## Append Blob

附加 Blob 是 Azure 儲存體（Azure Storage）物件的一種類型，用來保存頻繁附加但寫入後不會再更改的資料（如日誌檔），這些 blob 最多可包含 195GB 資料。

## Application Programming Interface (API)

應用程式介面是供程式開發人員用於和另一項產品或系統互動的一組功能，微軟為 Azure 提供許多 API，可讓其他公司為 Azure 服務強化或簡化功能，好讓使用者有更佳的應用體驗。

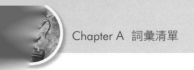

## Azure

是微軟的雲端服務生態系統，本書所提及的微軟雲端服務就是指 Azure，而不是一般的雲端服務。

## Azure Account

Azure 帳戶是指登入並存取 Azure 服務的使用者，一組 Azure 帳戶可以存取一個或多個訂用的服務。

## Azure Automation

Azure 自動化服務是 Azure 為雲端環境、就地（公司內部）部署和混合雲所提供的自動化任務管理服務。

## Azure Portal

Azure 入口網是用於設定和監控 Azure 資源的網站。

## Azure Resource Manager（ARM）

Azure 資源管理員是在 Azure 中設定和部署資源的新版管理模型，ARM 是用來取代 ASM 的新產品。

## Azure Security Center（ASC）

Azure 資訊安全中心是 Azure 用於顯示安全警報和建議處理方式的服務。

## Azure Service Management（ASM）

Azure 服務管理模組是早期 Azure 用來管理資源的網站、API 集和工具的統稱，現在已被 ARM 取代。

## Azure Subscription

Azure 訂用帳戶是客戶可用的 Azure 服務集合，有些客戶會將他們的所有服務放在同一個訂用帳戶中，有些則會依專案或產品的開發環境與測試環境而申請不同訂用帳戶，訂用帳戶主要是由全域唯一識別碼（GUID）來區別，GUID 看起來就像：59c7ae33-9be9-4b05-8cf3-6671d8b581db。當然，訂用帳戶也可以指定易讀、易記的名稱，例如「物流追蹤系統」

## Black Box Testing

黑箱測試是一種滲透測試的方法，滲透測試人員在執行測試之前，雇主不事先提供有關受測目標的內部資訊。

## Black Hat

黑帽駭客是指不懷好意的駭客，例如會嘗試盜取財務資訊、商業機密，或妨害競爭的攻擊者。

## Blade

刀鋒頁是 Azure 入口網的一種頁面呈現方式，用來提供某個資源的資訊或組態選項。

## Blob Storage

Blob 儲存體是 Azure 儲存體帳戶所提供的一種資料儲存服務,使用者可以在裡頭儲存大量非結構化或半結構化資料。

## Block Blob

區塊 Blob 是 Azure 儲存體物件的預設類型,每個區塊最多可容納 100MB,而每一組 blob 可容納 50,000 個區塊,區塊可以動態增長。

## Blue Team

藍隊是負責安全監控的小組,會嘗試偵測及防禦紅隊(Red Team)和真正駭客的攻擊。紅隊和藍隊的用法是來自軍隊演習的分組。

## Certificate Thumbprint

憑證指紋是 Base64 格式的憑證唯一識別碼。

## Cloud

雲端服務是指建構在共享基礎架構上的服務集合,允許客戶只使用運算所需的資源數量,常見的雲端服務有微軟的 Azure、亞馬遜的 AWS 及 Google 的雲端平台。

## Cloud Provider

雲端服務供應商指為客戶提供雲端服務的公司,目前市場上主要的供應商有:亞馬遜、Google、微軟、Rackspace 和 Salesforce。

## Credential Guard

機密防護是新版 Windows 提供的一項資安防禦功能，用於保護記憶體內重要的資訊不被非法存取，例如可以防止 Mimikatz 等工具萃取密碼。

## Fabric

Fabric 是指運行雲端運算的底層軟體及硬體，它的結構不會直接與客戶互動，然而客戶所部署的服務及基礎架構卻在 fabric 上運行。

## Globally Unique Identifier（GUID）

全域唯一識別碼（GUID）是一組亂數產生的 128 bit 數字，做為某個物件的唯一標記，GUID 並無法絕對保證唯一性，而是依靠給定數字空間大小來減低碰撞的機率。GUID 通常以 32 個十六進制的格式編寫，例如：ed82ee4b-ed9f-479e-93c9-df87e3e0145e。Azure 使用 GUID 做為訂用帳戶的識別碼

## Gray Box Testing

灰箱測試是一種滲透測試的方法，在滲透測試之前，雇主只會提供關於受測目標的少量資訊給測試人員。

## Gray Hat

灰帽駭客是指利用法律模糊地帶的手段或不完全合法的意圖而對目標進行攻擊的人，例如在未獲得受測方許可就開始進行滲透測試，但最終卻將測試結果提供給受測方，而不是將它出售給競爭對手。

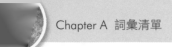

## Hacker

不同的人對**駭客**這個術語可能有不同定義，筆者個人覺得他是：任何試圖規避安全措施而取得原本無權使用的資源之人。他可能是受僱的滲透測試人員或非法的行為者。

## Infrastructure as a Service（IaaS）

**基礎架構即服務**是指主機代管及資料中心最早使用的傳統託管模式，雲端服務供應供應商在 IaaS 上運行如 Hyper-V 或 VMware 之類的虛擬化系統，然後讓客戶在上面執行完整的伺服器功能，以便讓客戶的作業系統、服務和應用程式能以最大靈活度在雲端執行，但與平台即服務（PaaS）相比，由於要在虛擬機上安裝作業系統，往往會增加應用成本。

## Key Vault

**金鑰保存庫**是 Azure 的服務之一，可以安全地儲存密碼、憑證、金鑰、連線字串和其他機密資料，使用者可以手動或撰寫程式透過 API 讀取保存在其中的資料。

## Logic Apps

**邏輯應用程式**是 Azure 的工作流程服務，可以讓用戶以各種資料來源和事件觸發多個 Azure 和非 Azure 服務中的動作。

## Management Certificate

管理憑證是使用者可以上傳到 Azure 入口網，用來驗證身分及權限的非對稱加密憑證，以便管理 ASM 的資源。

## Microsoft Account（MSA）

微軟帳戶是可以登入多數微軟所提供的服務（包括 Azure）之電子郵件位址，微軟帳戶即之前的 Passport 或 Live ID。

## Mimikatz

Mimikatz 是一種資安工具，用於從 Windows 機器的記憶體中萃取使用者的密碼和憑證。

## Network Security Group（NSG）

網路安全性群組是用來限制存取 Azure VM 的權限規則集合，類似網路防火牆的存取規則。

## Operations Management Suite（OMS）

維運管理套裝軟體是微軟的線上跨平台管理系統，可以監控雲端和就地（公司內部）的服務、自動管理任務的執行及日誌紀錄匯整。[譯註1]

---

譯註 1　微軟已逐步將 OMS 上的功能整合到 Azure，預計 2019 年 1 月 15 日淘汰 OMS 入口網。

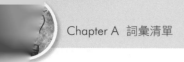

## Page Blob

分頁 Blob 是 Azure 儲存體物件的一種類型，用於儲存大型、隨機讀寫最佳化的資料，例如虛擬硬碟。

## Penetration Testing (Pentesting)

滲透測試是一種資安評估活動，在此活動期間，一名或多名白帽駭客嘗試利用駭客的攻擊手法來突破防護機制，以驗證受測目標的安全性，滲透測試的目的不在找出所有可能的漏洞，而是判斷黑帽駭客能否有效危害到目標，如果可以，則展示他們可能使用的一種或多種危害目標的手法。

## Platform as a Service（PaaS）

平台即服務是一種雲端服務，為開發人員提供一組工具套件和 API，供他們開發專門在雲端平台執行的應用程式。PaaS 通常可以讓開發人員有效地將應用程式從一小撮使用者快速擴展到數百萬用戶，相較於 IaaS，PaaS 通常使用更少資源（因此成本更低），但最大缺點是與供應商高度相依，因此應用程式只能在供應商設計的雲端環境執行。

## Privileged Access Workstation（PAW）

特權存取工作站是一種強化過的系統，目的在嚴格限制敏感資料的處理，所處理的任務是與正常的業務活動（如閱讀電子郵件或瀏覽網際網路）分離的，如此可大大降低因網路釣魚或軟體漏洞而造成管理者的帳號、密碼外洩或被竊的風險。

## Queue

佇列是 Azure 儲存體帳戶所提供的一種資料儲存類型，可用在依序處理的資料上，例如來自客戶的訂單。

## Red Team

紅隊是指模仿真實世界網路犯罪活動的白帽駭客，目的在測試公司的戰備能力及狀態。

## Resource

資源是指 Azure 的特定服務執行個體（Instance）。

## Salted Hash

加鹽粒雜湊是在使用者密碼中加入隨機產生的字元後，再計算和儲存其雜湊值的方法，如此有助於降低利用彩虹表破解雜湊值的成功率，因為它會增加原始資料長度，使得彩虹表需要預先計算更多雜湊值而耗用更大空間，此外，還可以防止暴露兩個帳戶使用相同密碼的現象，因為每個帳戶都會有不同的鹽值。

## Server Message Block（SMB）

伺服器訊息區塊是用於 Windows 網路傳輸的檔案分享機制。

## Service

服務是 Azure 提供的一種應用程式，例如 Azure 網站或 Azure 儲存體 blob。

## Service Bus

服務匯流排是一種訊息中繼服務，可以依序（queue）處理請求，並在 Azure 和公司內部伺服器之間傳遞訊息。

## Service Principal

服務主體是指在 Azure 中執行服務的帳戶。

## Shared Access Signature（SAS）Token

共用存取簽章符記是指 URL 所帶的一組密鑰，而這組密鑰代表對特定資源的存取權限，此符記可能包含某些限制條件，例如有效期限或可存取的來源 IP 範圍。

## Software as a Service（SaaS）

軟體即服務指雲端託管並受管理的應用程式，使用者不需要為套裝軟體購買授權，而是以支付訂用費用方式使用該應用軟體，比較著名的 SaaS 有 Salesforce 的客戶關係管理系統，及提供影像、插圖和視訊編輯工具的 Adobe Creative Cloud。

## Table Storage

表格儲存體是 Azure 儲存體帳戶所提供的一種資料儲存類型，可用來儲存結構化的表格式資料。

## White Box Testing

白箱測試是一種滲透測試的方法，滲透測試人員可以完整存取受測目標的相關資訊，例如程式源碼、系統設計文件和部署計畫等。

## White Hat

白帽駭客是指沒有惡意企圖的駭客（又稱道德駭客），通常是待測目標公司聘請的資安人員，目的在幫助提升資訊防護的安全性，也可能是一名遵守企業責任披露準則的外部資安研究人員。

# Azure 雲端服務滲透測試攻防實務

作　　者：Matt Burrough
譯　　者：江湖海
企劃編輯：莊吳行世
文字編輯：江雅鈴
設計裝幀：張寶莉
發 行 人：廖文良

發 行 所：碁峰資訊股份有限公司
地　　址：台北市南港區三重路 66 號 7 樓之 6
電　　話：(02)2788-2408
傳　　真：(02)8192-4433
網　　站：www.gotop.com.tw
書　　號：ACN034400
版　　次：2019 年 03 月初版
建議售價：NT$520

國家圖書館出版品預行編目資料

Azure 雲端服務滲透測試攻防實務 / Matt Burrough 原著；江湖
　海譯. -- 初版. -- 臺北市：碁峰資訊, 2019.03
　　面；　　公分
　　譯自：Pentesting Azure Applications: the definitive gukde
to testing and sevuring deployments
　　ISBN 978-986-502-049-1(平裝)
　　1.雲端運算
312.136　　　　　　　　　　　　　　　　　108001572

## 讀者服務

- 感謝您購買碁峰圖書，如果您對本書的內容或表達上有不清楚的地方或其他建議，請至碁峰網站：「聯絡我們」\「圖書問題」留下您所購買之書籍及問題。(請註明購買書籍之書號及書名，以及問題頁數，以便能儘快為您處理)

  http://www.gotop.com.tw

- 售後服務僅限書籍本身內容，若是軟、硬體問題，請您直接與軟體廠商聯絡。

- 若於購買書籍後發現有破損、缺頁、裝訂錯誤之問題，請直接將書寄回更換，並註明您的姓名、連絡電話及地址，將有專人與您連絡補寄商品。